Max Wutz

Molekularkinetische Deutung der Wirkungsweise von Diffusionspumpen

mit 27 Bildern

Friedr. Vieweg + Sohn
Braunschweig

Sammlung Vieweg
Band 130
Herausgeber: Prof. Dr. Hermann Ebert

Weitere Neuerscheinungen in dieser Reihe:
Löb/Freisinger, Ionenraketen
Geiger, Elektronen und Festkörper
Volland, Die Ausbreitung langer Wellen
Weiß, Physik und Anwendung galvanomagnetischer Bauelemente

Friedr. Vieweg + Sohn, GmbH, Burgplatz 1, Braunschweig
Pergamon Press Ltd., Headington Hill Hall, Oxford
Pergamon Press S.A.R.L., 24 rue des Ecoles, Paris 5^e
Pergamon Press Inc., Maxwell House, Fairview Park, Elmsford, New York 10523

Vieweg books and journals are distributed
in the Western Hemisphere by Pergamon Press Inc.,
Elmsford, New York 10523.

Verlagsredaktion: *Alfred Schubert*

ISBN 978-3-663-03186-4   ISBN 978-3-663-04375-1 (eBook)
DOI 10.1007/978-3-663-04375-1

1969

Umschlagentwurf: Peter Kohlhase, Braunschweig

Library of Congress Catalog Card No. 72-92922

Best.-Nr. 7507

Inhalt

1.	Aufbau, Wirkungsweise und Betriebsverhalten moderner Diffusionspumpen	1
2.	Bestehende Erklärungen über die Wirkungsweise von Diffusionspumpen	9
3.	Aufgabenstellung	16
4.	Excurs über kinetische Gastheorie und Gasdynamik	17
4.1	Kinetische Gastheorie	17
4.2	Gasdynamik	19
4.2.1	Isentrope stationäre rotationsfreie Kontinuumsströmung	19
4.2.1.1	Eindimensionale Strömung	21
4.2.1.2	Ebene Strömung	24
4.2.1.3	Rotationssymmetrische Strömung	29
4.2.1.4	Durchführung der Integration	30
5.	Kriterien für die Anwendung der Gasdynamik auf Öldampfströmung	32
5.1	Gültigkeitskriterien für die Kontinuität	32
5.2	Gültigkeit der isentropen Strömung	35
5.3	Kondensationseffekte	36
6.	Die Öldampfströmung in der Düse	37
7.	Die Öldampfströmung außerhalb der Düse	42
8.	Die Ölrückströmung aus dem Dampfstrahl	54
9.	Das Saugvermögen	58
9.1	Geschwindigkeitsverteilung der Gasmoleküle im Dampfstrahl	58
9.2	Eine Modellvorstellung	61
9.3	Saugvermögen bei konstanter Moleküldichte an der Strahlgrenze	65
9.3.1	Kinetische Saugvermögensabschätzung	65
9.3.2	Saugvermögensabschätzung nach der Diffusionstheorie	66
9.4	Lösungsansatz für eine genauere Saugvermögensbestimmung	70
10.	Schlußbemerkung	71
11.	Zusammenfassung	73
12.	Literaturverzeichnis	73
13.	Liste der benützten Formelzeichen	75

1. Aufbau, Wirkungsweise und Betriebsverhalten moderner Diffusionspumpen

Schnittbilder moderner Diffusionspumpen zeigen die Abb. 1a und 1b. Eine Diffusionspumpe besteht demnach im wesentlichen aus einem zylindrischen, am Boden verschlossenen Rohrkörper, der während des Betriebs senkrecht steht. An der Außenwand der Zylinderflächen sind Kühlschlangen angelötet, die im Betrieb von Wasser durchflossen werden. Am Pumpenboden befindet sich ein Flüssigkeitssee: das sog. Pumpentreibmittel. Über dem Treibmittelsee befindet sich ein Düsensystem (Abb. 2), das aus einem Dampfsteigrohr und meist vier ringförmigen Düsen besteht. (Es gibt auch Pumpen mit nur drei Düsen; in manchen Fällen hat auch jede Düse ihr eigenes Dampfsteigrohr.)

Als Treibmittel werden heute in der Regel Spezialöle verwendet. Abb. 3 zeigt die Dampfdruckkurven der heute hauptsächlich verwendeten Öle. (Die Dampfdruckkurve von Quecksilber, das früher hauptsächlich als Pumpentreibmittel verwendet wurde, und die Dampfdruckkurve von Wasser sind zum Vergleich mit aufgenommen.) Je nach dem geforderten Endvakuum wird Askarel, das in Deutschland unter dem Handelsnamen Clophen A 40 bzw. Clophen A 50 bekannt ist, Butylsebacat, Siliconöle *) oder in den weitaus meisten Fällen sog. Hochvakuumöle verwendet. Letztere sind enge Mineralölfraktionen, die in der Regel aus Paraffinen oder Naphthen bestehen. Das mittlere Molekulargewicht beträgt etwa 450 kg/kMol. Diffusionspumpen werden in der Regel bei einem Boilerdruck von etwa 1 Torr betrieben, was nach Abb. 3 einer Öltemperatur von etwa $T_o \approx 500\ °K$ im Ölsee entspricht.

Mit Hilfe einer gegen den Pumpenboden gepressten Heizplatte, wie in Abb. 1a, oder mit Hilfe einer oder mehrerer Heizpatronen, auf denen Wärmeübertragungsbleche angebracht sind, wie in Abb. 1b, wird das Treibmittel erhitzt, wodurch ein Boilerdruck entsteht.

Der bei der Erhitzung des Treibmittels entstehende Treibmitteldampf steigt im Dampfsteigrohr hoch und wird durch die Düsen des

---

*) D.C. 705 ist auch ein Siliconöl

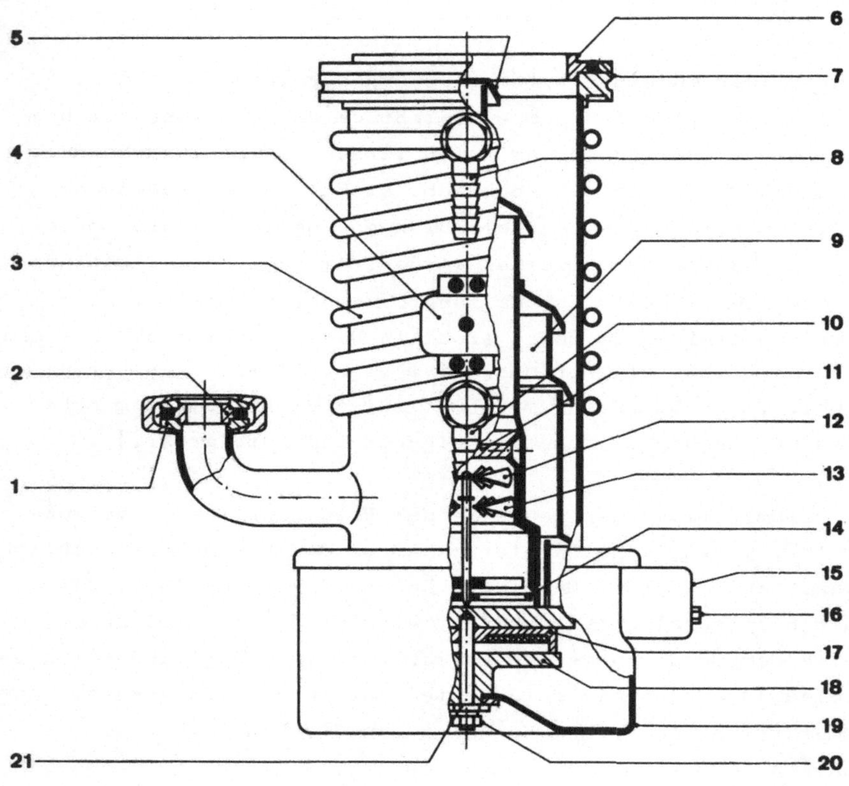

1	Vorvakuum-Anschluß	12	Antriebsflügelrad
2	Zentrierring mit Dichtungsring	13	Dampfführungsblech
3	Kühlwasserschlange	14	Rührerflügel
4	Thermoschutzschalter	15	Anschlußkasten
5	Oberer Düsenhut	16	Befestigungsmutter
6	Zentrierring mit Dichtungsring und Außenring	17	Heizplatte
7	Hochvakuum-Anschluß	18	Halterung der Heizplatte
8	Kühlwassereinlaß	19	Wärmeschutzmantel
9	Innenteil	20	Mutter für die Halterung der Heizplatte
10	Kühlwasserauslaß	21	Befestigungsmutter für den Wärmeschutzmantel
11	Steg		

Abb. 1a   Schnitt durch eine Diffusionspumpe mit Heizplatte

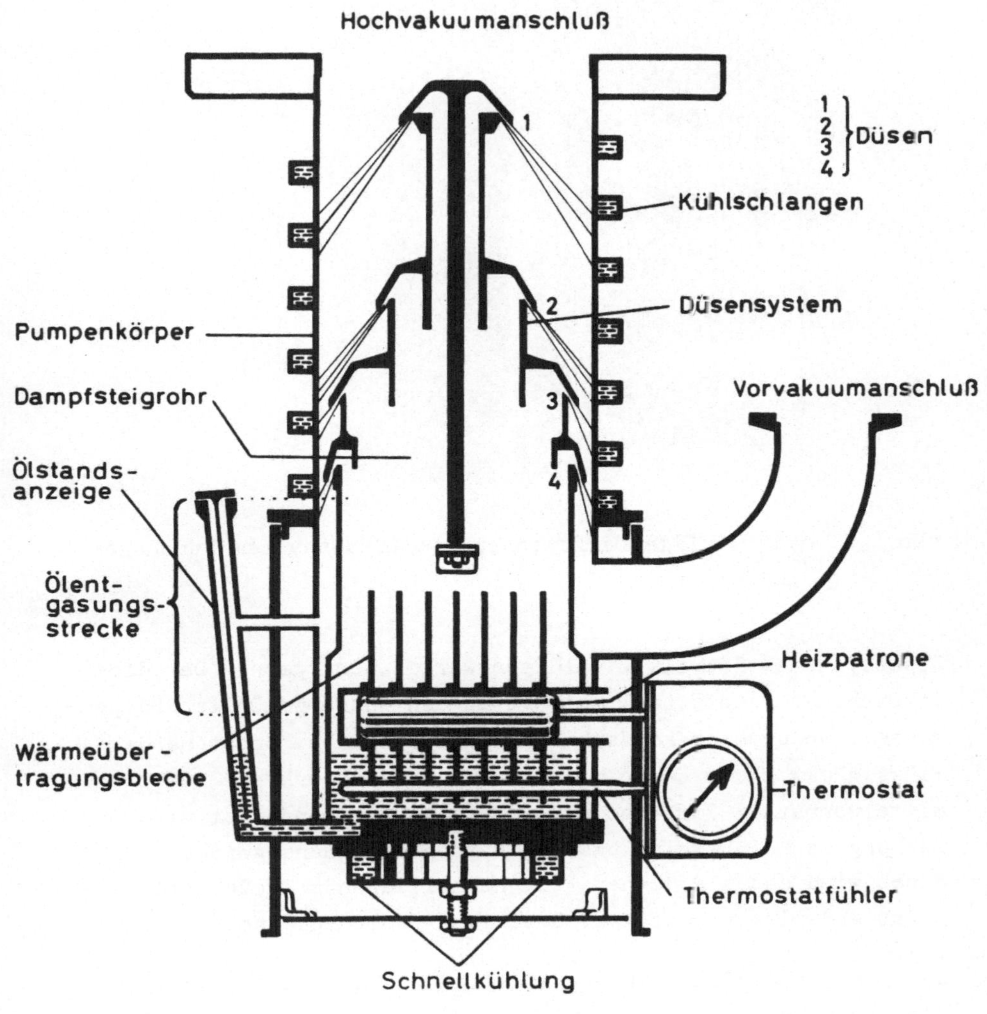

Abb. 1b   Schnitt durch eine Diffusionspumpe mit Heizfinger

Abb. 2   Vierstufige Diffusionspumpe (Düsensystem herausge-
nommen)

Düsensystems, die als Lavaldüsen wirken, entspannt. Der dabei
entstehende Dampfstrahl gelangt an den wassergekühlten Pumpen-
kessel, wodurch er kondensiert wird. Die dabei entstehende
Flüssigkeit läuft unter dem Einfluß der Schwerkraft zum Treib-
mittelvorrat am Pumpenboden, wo sie erneut verdampft wird.Die
Kühlung ist nicht ganz bis zum Pumpenboden herabgezogen. Dadurch wird das als dünner Film herabfließende Treibmittel erhitzt und wirksam entgast. Schlagwort: Ölentgasung.

Damit eine Dampfentspannung stattfinden kann, wird über einen
Vorvakuumanschluß mit Hilfe einer Vorpumpe ein Vorvakuumdruck
von in der Regel unter 0,2 bis 0,4 Torr erzeugt. Eine Diffusionspumpe kann also nicht gegen Atmosphärendruck verdichten und benötigt zum Betrieb eine Vorpumpe, die in der Regel eine ölge-
dichtete Rotationspumpe ist.

Der zu evakuierende Rezipient wird mit dem Hochvakuumanschluß,
die Vorpumpe mit dem Vorvakuumanschluß der Diffusionspumpe
vakuumdicht verbunden.

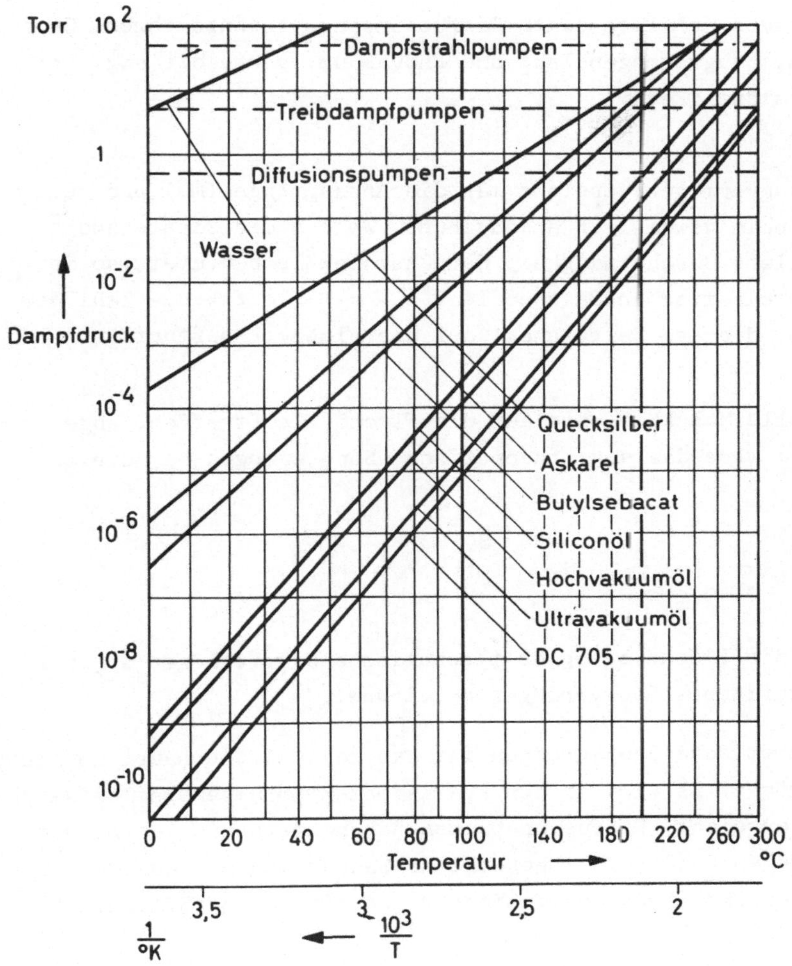

Abb. 3   Dampfdruckkurven von Pumpentreibmitteln

Die Wirkungsweise der Diffusionspumpe kann man ganz grob verallgemeinert folgendermaßen beschreiben: Das aus dem Rezipienten
beim Hochvakuumanschluß der Diffusionspumpe einströmende Gas,
wird von den aus den Düsen des Düsensystems ausströmender Dampfstrahlen zum Vorvakuumanschluß befördert. Von dort gelangt es
in die Vorpumpe und wird von ihr auf Atmosphärendruck verdichtet
und am Auspuff ausgestoßen.

Das Betriebsverhalten einer Diffusionspumpe kennzeichnen: Saugvermögen, Saugvermögenslauf und Endvakuum, sowie die sog. Vorvakuumbeständigkeit.

Unter Saugvermögen versteht man die Ansaugmenge (m^3) pro Zeiteinheit beim jeweiligen Ansaugdruck. Wenn n die Dichte und $\bar{c}$
die mittlere Geschwindigkeit der Gasmoleküle bedeutet, so ist
nach der kinetischen Gastheorie $J = \dot{N} = F\, n\, \bar{c} / 4$ die Zahl der
Moleküle, die pro Zeiteinheit auf die Fläche F auftreffen.

Würden alle Moleküle, die auf die Fläche F auftreffen, abgepumpt, so wäre das sog. theoretische Saugvermögen S_{th} dieser
Fläche:

$$(1) \quad S_{th} = \frac{\dot{N}}{n} = F\, \frac{\bar{c}}{4} \; ; \quad s_{th} = \frac{S_{th}}{F} = \frac{\bar{c}}{4}$$

Das auf die Fläche bezogene theoretische Saugvermögen s_{th} wird
mit spezifisches Saugvermögen bezeichnet.

Das theoretische Saugvermögen ist das maximal überhaupt mögliche
Saugvermögen. Es wird in der Praxis bei Kryopumpen teilweise annähernd erreicht. Diffusionspumpen haben stets ein geringeres
Saugvermögen S als das theoretische Saugvermögen. Nach dem Vor-
schlag des Physikers Ho bezeichnet man mit Ho-Koeffizient [1];
[2].

$$(2) \quad Ho = \frac{s}{s_{th}}$$

Wobei $s \frac{S}{F}$ das gemessene spezifische Saugvermögen bezogen auf die
effektive Pumpöffnung bedeutet. Für Luft wird bei moderneren
Diffusionspumpen ein Ho-Koeffizient von 0,5 bis 0,6 für Wasserstoff von 0,25 bis 0,3 erreicht.

Kurven für das Saugvermögen, die charakteristisch für alle heute
erhältlichen Diffusionspumpen sind, zeigt Abb. 4. Wie man daraus
ersieht, ist das Saugvermögen bei Drücken unter etwa 10^{-3} Torr
konstant und vom Druck unabhängig. Das erreichbare Endvakuum

hängt von der Ölsorte - man kann keinen kleineren Enddruck erhalten, als dem Dampfdruck des Treibmittels bei der Kühlwassertemperatur entspricht - und von der Ölrückströmung ab. Diese Ölrückströmung wird dadurch verursacht, daß aus dem Dampfstrom Ölmoleküle entgegen der Saugrichtung in den Rezipienten zurückströmen. Besonders groß ist die Ölrückströmung in der Nähe der Düse.

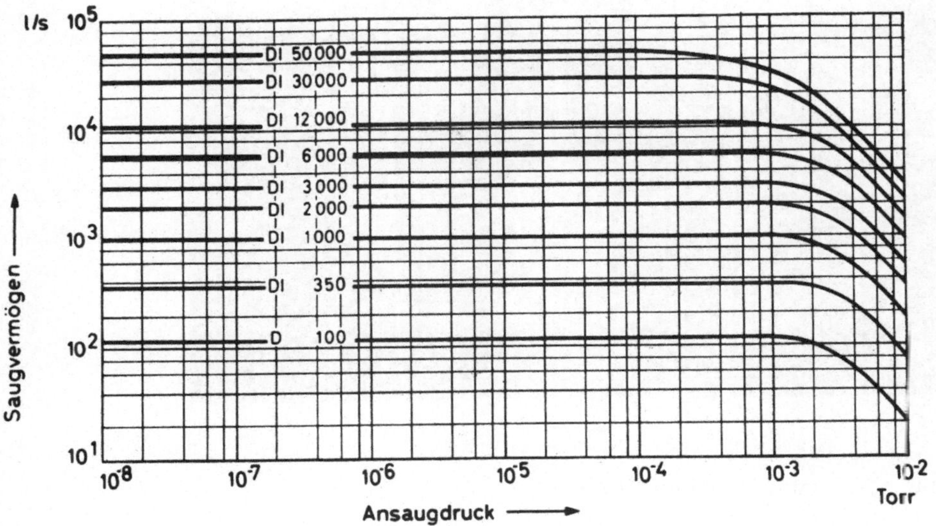

Abb. 4   Kurven für das Saugvermögen von Öldiffusionspumpen

Grund: Die vom oberen Düsenrand abströmenden Grenzschichten haben eine kleine Strömungsgeschwindigkeit. Eine wassergekühlte Düsenhutdampfsperre Abb. 5, an der diese Grenzschichten kondensiert werden, vermindern daher die Ölrückströmung um über 90 %. Um auch die Ölrückströmung aus dem eigentlichen Dampfstrahl zu vermeiden, werden sog. Ölfänger (Baffles) auf dem Saugflansch montiert (Abb. 6). Mit Hilfe derartiger Baffles werden Enddrücke der Größenordnung 10^{-10} Torr mit Öldiffusionspumpen erreicht. Wichtig für die Erreichung derart niedriger Enddrücke ist eine gute Ölentgasung. Ohne Ölfänger und Düsenhutdampfsperrre werden Enddrücke von etwa 10^{-7} Torr mit Hochvakuumöl erreicht.

Bei Drücken über etwa 10^{-3} Torr nimmt das Saugvermögen der Diffusionspumpe mit steigendem Ansaugdruck ab.

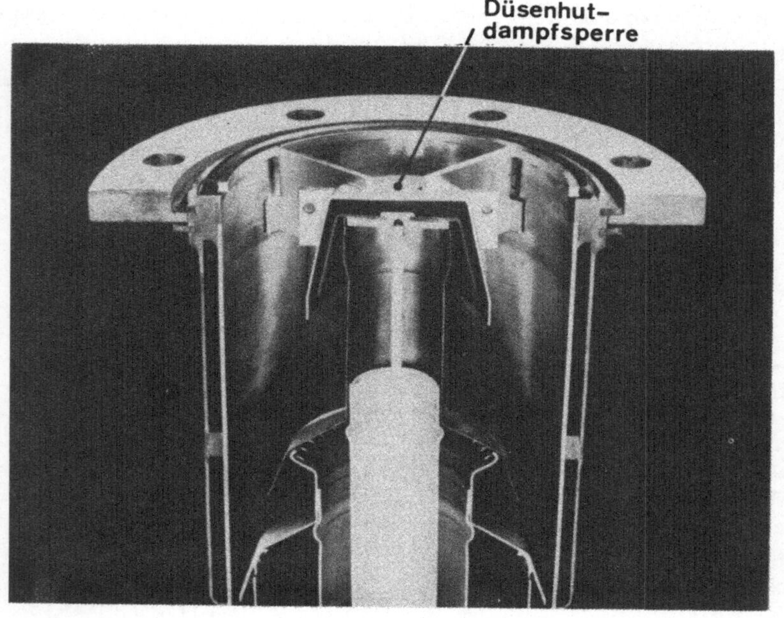

Abb. 5   Düsenhutdampfsperre

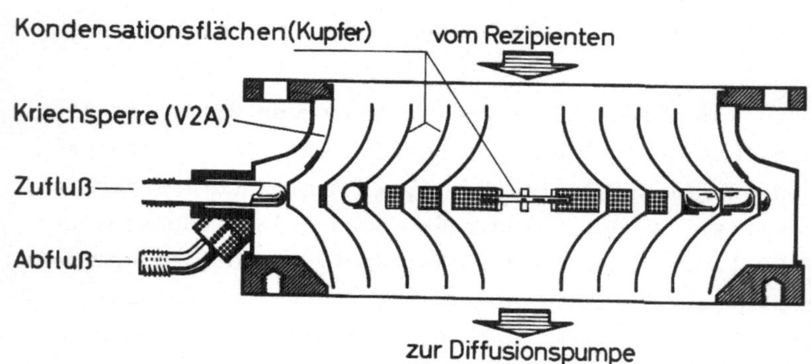

Abb. 6   Astrotorusbaffle

Solange ein bestimmter Druck (meist 0,2 bis 0,4 Torr) am Vorvakuumstutzen unterschritten wird, arbeitet die Diffusionspumpe
in allen Druckbereichen stabil. Man nennt diesen Druck deshalb
die Vorvakuumbeständigkeit der Diffusionspumpe. Wird die Vorvakuumbeständigkeit unterschritten, hört die Pumpwirkung ganz

8

auf. Die einfachste und wohl zutreffende Erklärung für diesen
Umstand ist folgende: Wie später gezeigt wird, tritt aus den
Düsen ein Überschalldampfstrahl aus. Jede Überschallströmung
endet mit einem Verdichtungsstoß. Hinter dem Stoß ist der Ruhedruck p'_o kleiner als der Boilerdruck p_o. Der Vorvakuumdruck
muß kleiner als p'_o sein. Wird er größer, so wandert der Verdichtungsstoß in die Düse hinein. Dadurch tritt aus der Düse
kein Überschalldampfstrom mehr aus, wodurch die Pumpwirkung
weitgehend aufhört. Eine Ausnahme von dieser Regel tritt nur
dann auf, wenn in der Vorvakuumatmosphäre Gase mit sehr kleinem
Molekulargewicht, wie Wasserstoff und Helium, in merklichen
Mengen vorhanden sind. In diesem Fall muß zur Erreichung kleiner Drücke die Vorvakuumbeständigkeit unterschritten werden,
da sonst diese leichten Gase entgegen der Pumpwirkung auf die
Hochvakuumseite der Pumpe gelangen. Ob diese leichten Gase dabei durch die Dampfstrahlen diffundieren oder vom flüssigen Öl
gelöst werden und dann über das Dampfsteigrohr auf die Hochvakuumseite gelangen, ist nicht geklärt.

2. Bestehende Erklärungen über die Wirkungsweise von
    Diffusionspumpen

Der Erfinder der Diffusionspumpe W. Gaede [3] beschreibt
die Wirkungsweise seiner Pumpe etwa folgendermaßen: Im
Dampfstrahl ist der Partialdruck der Gase des Rezipienten
Null. Dadurch diffundiert das abzupumpende Gas in den
Dampfstrahl und wird von ihm abgeführt. Von dieser Vorstellung rührt auch der Name Diffusionspumpe. Nach den
Vorstellungen Gaede's darf der Diffusionsspalt - das ist
in Abb. 1 der Abstand oberste Düse zu Pumpenwand - nicht
wesentlich größer als die freie Weglänge sein, da sonst
der Dampf in den Rezipienten strömt und eine Pumpwirkung
aufhört. Zur Erklärung der Wirkungsweise benützt Gaede
mehrere Parameter, wodurch ein tieferes Verständnis der
Pumpwirkung natürlich nicht möglich ist.

Langmuir [4] baute als erster Pumpen, die den modernen
Diffusionspumpen im Aufbau ähneln. Er stellt die Impulsübertragung des Dampfstrahles auf das gepumpte Gas als

wesentlich heraus und vergrößert den Diffusionsspalt, da
er der Ansicht ist, daß die Rückdiffusion durch wirksame
Kondensation verhindert werden kann. Er nennt seine Pumpe
deshalb auch - im Gegensatz zu Gaede - Kondensationspumpe.
Ein wirkliches Verständnis der Pumpenwirkungsweise ist nach
den Arbeiten von Langmuir aber nicht möglich. Erwähnt sei
in diesem Zusammenhang, daß bei modernen Pumpen der
"Diffusionsspalt" bis zu 0,8 m beträgt und somit viel größer
als die freie Weglänge ist, die bei 10^{-3} Torr z.B. etwa
5 cm beträgt.

Es ist das Verdienst von Rudolf Jaeckel [5],
unter Verwendung von Gaede's Vorstellungen nach Vorarbeiten
von Matricon [6] erstmalig 1947 eine Theorie entwickelt zu
haben, die zumindest einen Teil der experimentellen Ergebnisse an Diffusionspumpen einigermaßen richtig quantitativ
beschreibt. Jaeckel, dessen Theorie der Diffusionspumpen
auch der Inhalt seiner Habilitationsschrift ist, geht dabei
von folgender Überlegung aus: Als vereinfachtes Modell kann
der Dampfstrahl einer Düse als nach abwärts gerichtet mit
der Dampfgeschwindigkeit W und einer ebenen Grenzfläche zum
Saugstutzen hin betrachtet werden (Abb. 7). Durch den Dampfstrahl wird das abzusaugende Gas, das im Dampfstrahl die
Dichte n (x) und im Saugstutzen die Dichte n_o hat, mit der
Dampfgeschwindigkeit W abgeführt. Diese Gasabfuhr wird
durch Rückdiffusion verkleinert. Man beschreibt diesen
Vorgang, indem zum Diffusionsstrom (-Dgradn) noch der Kon-
vektionsstrom Wn hinzugefügt wird. Jaeckel setzt deshalb
(vgl. auch [7])

$$(1) \qquad Wn\,(x) - D\,\frac{dn(x)}{dx} = n_o s$$

Die Lösung dieser Differentialgleichung mit der Anfangsbe-
dingung n(x) = n(o) für x = 0 ist:

$$(1a) \quad n(x) = \frac{n_o\,s}{W} + \left\{ n\,(0) - \frac{n_o\,s}{W} \right\}\,e^{\frac{Wx}{D}}$$

Für x = ℓ folgt daraus:
$$(1b) \quad n\,(\ell) = \frac{n_o s}{W} + \left\{ n\,(0) - \frac{n_o s}{W} \right\} e^{\frac{W\ell}{D}}$$

10

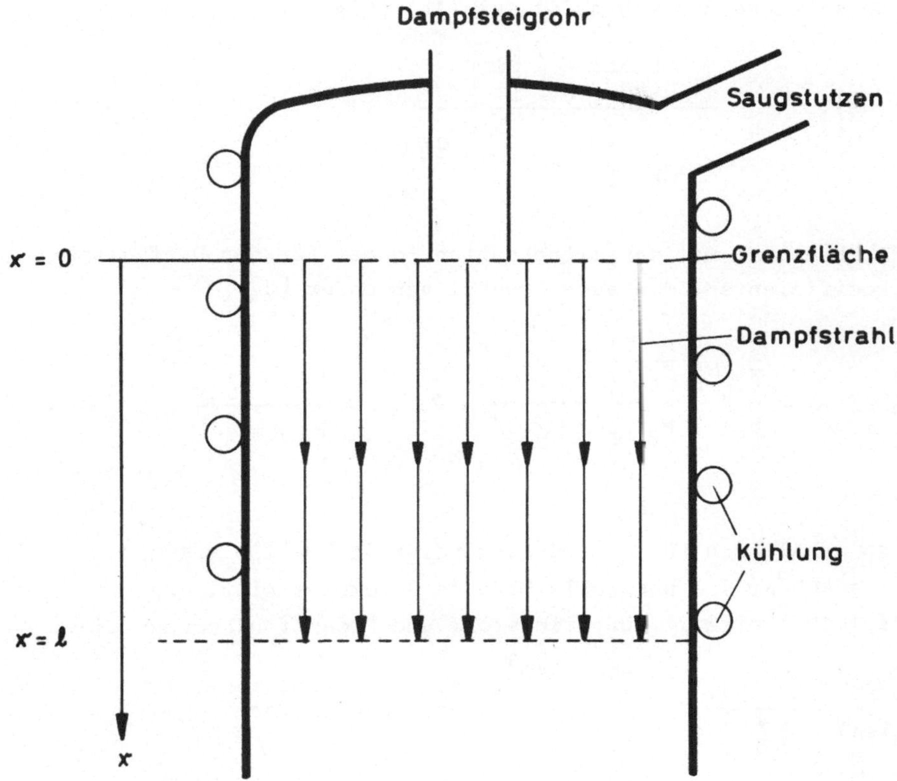

Abb. 7 Modellvorstellung der Theorie von Jäckel

$$(2) \qquad \dot{N}_F \downarrow = \frac{c}{4}\, n_o$$

Die Zahl der Moleküle pro Zeit und Flächeneinheit, die durch
Rückdiffusion in entgegengesetzter Richtung durch dieselbe
Fläche treten, ist:

$$(2a) \qquad \dot{N}_F \uparrow = \frac{\bar{c}}{4}\, n\ (0)$$

Abgepumpt werden also:

$$(3) \qquad \dot{N}_F = \dot{N}_F \downarrow - \dot{N}_F \uparrow = \frac{\bar{c}}{4} \left\{ n_o - n\ (0) \right\} = n_o s$$

Durch Einsetzen von n (0) aus (1b) folgt:

$$(3a) \quad s = \frac{\bar{c}}{4} \cdot \frac{1 - \dfrac{n(\ell)}{n_o} \, e^{-\frac{W\ell}{D}}}{1 + \dfrac{1}{4} \, \dfrac{\bar{c}}{W} \left(1 - e^{-\frac{W\ell}{D}}\right)}$$

Rechnet man mit der altbekannten Formel für den Diffusions-
koeffizienten, die auch Jaeckel verwendet [8]

$$(4) \quad D = \frac{3}{8} \sqrt{\frac{\pi}{2} \frac{RT}{M_{o\,12}}} \; \frac{1}{n\pi \, d_{12}^{\,2}} \; ; \; M_{o\,12} = \frac{M_{o\,1} \, M_{o\,2}}{M_{o\,1} + M_{o\,2}} \; ; \; d_{12} = \frac{1}{2}(d_1 + d_2)$$

so erhält man für eine Geschwindigkeit W = 200 m/s und
T = 400°K, die ebenfalls bereits Jaeckel angibt, und ein
ℓ = 10^{-1} m, z.B. für Stickstoff und Öldampf näherungsweise:

$$(4a) \quad e^{-\frac{W\ell}{D}} = \begin{cases} 10^{-4}, 2 \cdot 10^{3} & \text{bei Dampfdichte bzw.} \\ & \text{Dampfdruck 1 Torr} \\[2em] 10^{-4\,2} & \text{bei Dampfdichte bzw.} \\ & \text{Dampfdruck } 10^{-2} \text{ Torr} \end{cases}$$

d.h., der Exponentialfaktor in (3a) kann vernachlässigt werden.
Das so erhaltene Saugvermögen stimmt mit den experimentellen Ergebnissen einigermaßen überein. Gegen die Herleitung der Formel
kann man zwei Einwände erheben:

a) Ohne Erklärung oder Ableitung wird offenbar (H.G. Nöller be-
   stätigte das in einer 1955 erschienenen Arbeit [9]) angenommen,
   daß alle Moleküle, welche auf die Grenzfläche Dampfstrom -
   Rezipient auftreffen, zunächst vom Dampfstrom mit der Geschwindigkeit des Dampfes W abgeführt werden. Daß nicht das
   theoretisch maximale spezifische Saugvermögen s = $\bar{c}$/4 auftritt
   wird damit erklärt, daß aus dem Dampfstrom durch Diffusion entgegen der Strahlrichtung Moleküle, die vom Dampfstrom schon erfaßt wurden, zurückdiffundieren.

Obwohl man sich eine Begründung der Annahme, daß die vom Dampfstrom erfaßten Gasteilchen mit der Dampfgeschwindigkeit W vom
Rezipienten wegbefördert werden, wünschen würde, erscheint sie
doch durchaus plausibel. Weniger plausibel ist aber die Annahme,
daß zunächst <u>alle</u> auf die Grenzfläche aufprallenden Gasmoleküle
abgeführt werden. Man könnte sich durchaus eine teilweise Re-
flexion vorstellen.

b) Setzt man sich über die in (a) aufgeführten Bedenken hinweg, so
erscheint es nicht gerechtfertigt, die Zahl der pro Zeit und
Flächeneinheit zurückdiffundierenden Moleküle mit n (0) c̄/4 an-
zugeben.

Macht man nämlich die naheliegende Annahme, daß die Gasteilchen
im Dampfstrahl Maxwellverteilung mit der makroskopischen Geschwindigkeit W haben, so ist die Zahl der Gasmoleküle, die pro
Zeit und Flächeneinheit die Grenzfläche x = o nach oben verlassen
Jaeckel argumentiert nun folgendermaßen:

Die Zahl der pro Zeit- und Flächeneinheit auf die Fläche x = 0
vom Rezipienten her auffallenden Molekülen ist:

$$
n\,(0)\left(\frac{ß}{2\pi}\right)^{3/2}\int_{-\infty}^{0}\int_{-\infty}^{+\infty}\int_{-\infty}^{+\infty} v_x\, e^{-\frac{ß}{2}\left\{(\vec{W}-\vec{v}_x)^2 + \vec{v}_y^{\,2} + \vec{v}_z^{\,2}\right\}}\, dv_z\, dv_y\, dv_x
$$

$$
(5) = -\,n\,(0)\,\frac{1}{4}\sqrt{\frac{8}{\pi\,ß}}\left\{e^{-\frac{ß}{2}W^2} - W\sqrt{\frac{ß\pi}{2}}\,(1-\varnothing\,(W\sqrt{\frac{ß}{2}}))\right\} = \frac{n\,(0)}{4}\,F\,(\frac{ß}{2})
$$

$$
\text{wo } ß = \frac{M_o}{RT} \quad \text{und } \varnothing\,(z) = \frac{2}{\sqrt{\pi}}\int_{0}^{z} e^{-x^2}\, dx = \text{Fehlerintegral}
$$

Soll die Annahme erfüllt sein, daß die Zahl der pro Zeit
und Flächeneinheit zurückdiffundierenden Moleküle gleich
n (0) c̄ / 4 ist. so muß man F($\frac{ß}{2}$) gleich c̄ setzen. Setzt
man für c̄ = 470 m/s (N$_2$ bei 20 °C), so ergibt sich aus
 Abb. 8 ein Wert ß/2 = 1,95 · 10^{-6}. Daraus würde eine

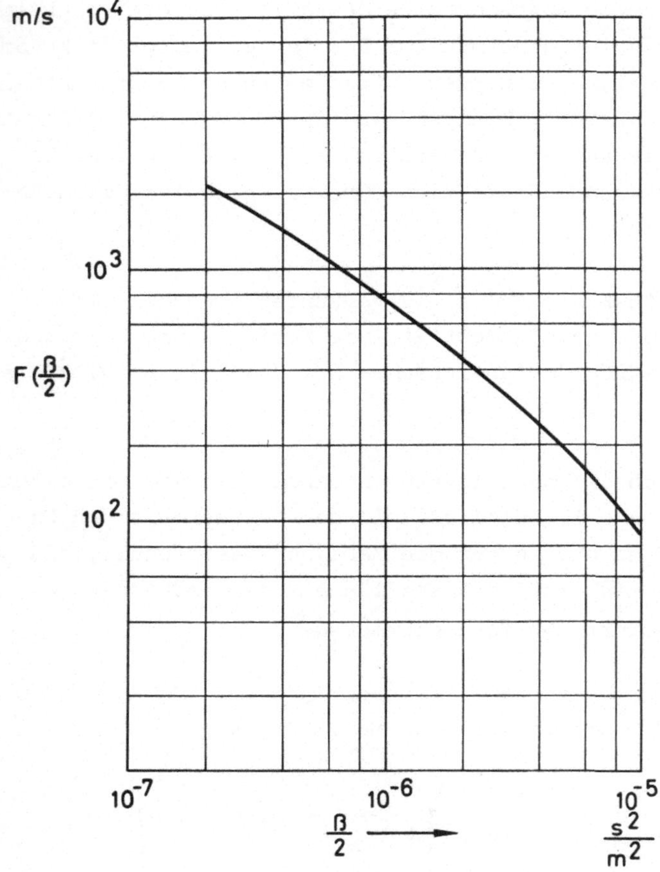

Abb. 8 Graphische Darstellung der Funktion

$$F\left(\frac{\beta}{2}\right) = \sqrt{\frac{8}{\pi\beta}} \left\{ e^{-\frac{\beta}{2} w^2} - w\sqrt{\frac{\beta\pi}{2}}\left(1-\emptyset\left(w\sqrt{\frac{\beta}{2}}\right)\right) \right\}$$

Temperatur der Stickstoffmoleküle von T = 865 $^\circ$K = 592° C im Dampfstrom folgen. Für CO_2 würde unter den gleichen Bedingungen eine Gastemperatur im Dampfstrahl von T = 1060 $^\circ$K = 787 $^\circ$C folgen. Es ist klar, daß diese hohen Gastemperaturen im Strahl zumindest sehr unwahrscheinlich sind.

Die oben skizzierten Einwände gelten im Prinzip auch für die
zweite Näherung von Jaeckel in der er den Dampfsaum berücksichtigt.

Nöller [9] hat später das Eindringen der Luft in den Dampfstrahl
durch Diffusionsbetrachtung zu klären versucht, verwendet die
Ergebnisse aber zur Herleitung einer Gleichung für das Saugvermögen, die Gl. (3a) ähnelt aber nur zu einem geringen Teil.
Explizite Kenntnisse über den Dampfstrahl vermittelt aber weder diese noch eine spätere Arbeit des gleichen Autors [10].

Anscheinend hat Jaeckel auch später das Problem der Strahlpum-
pen nicht aus dem Auge verloren. Erinnert sei hier nur an die
schönen Arbeiten von Kutscher [11] und Nöller [9] aus dem Jaeckelschen Institut, in denen erstmalig gasdynamische Betrachtungen
auf den Dampfstrahl von Dampfstrahlpumpen, die bei höherem
Druck arbeiten als Diffusionspumpen, angewandt wurden und an
die Arbeiten von Pauli [12] im Jaeckelschen Institut über Streu-
experimente, die grundsätzlich in der Lage sind, Auskunft über
den Elementarakt beim Stoß zu vermitteln. Beide Arbeits -
richtungen haben aber keinen Niederschlag in einer wesentlich
verbesserten oder modifizierten Theorie der Diffusionspumpe gefunden.

Neben Jaeckel haben sich vor allem Florescu und neuerdings
Thodt um eine Theorie der Diffusionspumpe bemüht:

Florescu [13] entwickelt eine einfache molekular-kinetische
Theorie, muß aber um den Anschluß ans Experiment zu erhalten,
einen empirischen Faktor 10^{-3} einführen. Dies ist wahrscheinlich mit ein Grund, warum sich seine Theorie nicht durchsetzen
konnte.

Thodt [14] entwickelte eine Theorie, die von der ersten Näherung
der Nichtmaxwellverteilung ausgeht. Da er in seiner Theorie aber
keine quantitativen Vorstellungen über den Dampfstrahl entwik-
kelt, so kann seine Theorie bestenfalls qualitative Aussagen
liefern.

Ohne irgendeine Kritik üben zu wollen, kann man zusammenfassend
und verallgemeinert über die heute existierenden Theorien der
Diffusionspumpe sagen:

Die besten Theorien erklären die Größe des Saugvermögens in
einigermaßen befriedigender Übereinstimmung mit dem Experiment,
sind aber nicht frei von mehr oder weniger willkürlichen An-
nahmen, gegen die zum Teil Bedenken bestehen. Die erhaltenen
analytischen Ausdrücke ähneln alle Gl. (3a). Explizite Aussagen
über den Dampfstrahl enthalten sie nicht. Deshalb fehlt eine Erklärung des Abfalls des Saugvermögens bei Drücken über 10^{-3} Torr
ebenso wie die Berechnung bzw. Abschätzung der Ölrückströmung
aus dem Dampfstrahl.

3. Aufgabenstellung

Um die Wirkungsweise der Diffusionspumpe zu verstehen, muß man
die Verhältnisse im Dampfstrahl wenigstens im Großen und Ganzen
quantitativ kennen. Aus dem Verhalten des Dampfstrahles muß der
Verlauf der Kurven für das Saugvermögen (Abb. 4) erklärbar sein.
Auch die Ölrückströmung aus dem Dampfstrahl muß vorhersagbar sein.
Für das Verständnis der Saugwirkung muß die Impulsübertragung vom
Dampf - auf das Gasmolekül bekannt sein. Sobald dies der Fall ist,
muß bei Kenntnis des Dampfstrahles das Saugvermögen wenigstens
richtig abgeschätzt werden können.

Kutscher [11] hat, wie erwähnt, erstmalig im Vakuumgebiet gasdynamische Methoden auf das Problem der Dampfstrahlpumpen, die
bei höheren Drücken als die Diffusionspumpe arbeiten und Boiler-
drücke von etwa 50 Torr haben, mit Erfolg angewandt. Im folgenden gelingt es, gestützt auf neuere Arbeiten, insbesondere von
K. Bier [15] , [16] und E. Knuth [17] gasdynamische Methoden auch auf
das Problem der Diffusionspumpe anzuwenden.

Die damit erhaltene Kenntnis vom Dampfstrahl erlaubt es, den Verlauf der Kurven für das Saugvermögen zu verstehen und die Ölrückströmung in Übereinstimmung mit dem Experiment zu berechnen.
Auch eine quantitative Abschätzung der Größe des Saugvermögens
liefert die Theorie.

4. Excurs über kinetische Gastheorie und Gasdynamik

4.1 Kinetische Gastheorie

Man unterscheidet im allgemeinen zwischen der Absolutgeschwindigkeit $\vec{v}$, der Kollektivgeschwindigkeit - in unserem Fall der Strahlgeschwindigkeit - $\vec{W}$ und der thermischen Gasgeschwindigkeit $\vec{V}$.
Es gilt:

$$(1) \qquad \vec{v} = \vec{W} + \vec{V}$$

Die Anzahl der Moleküle im Geschwindigkeitselement $d\tau = dv_x\, dv_y\, dv_z$ und im Volumenelement $d\xi = dx\, dy\, dz$ ist:

$$(2a) \qquad f\ d\tau\ d\xi$$

Die Wahrscheinlichkeit, daß ein Molekül im Volumenelement $d\xi$ eine Geschwindigkeit zwischen $\vec{v}$ und $\vec{v} + d\vec{v}$ hat, wird mit

$$(2b) \qquad F\ (\ r,\ \vec{v},\ t\ )\ \ d\tau$$

bezeichnet. Mit der Moleküldichte n ist also:

$$(2c) \qquad f\ (\ r,\ \vec{v},\ t\ ) = n\ (r,\ t)\ \ F\ (r,\ \vec{v},\ t)$$

Die Verteilungsfunktion F wird wie üblich normiert:

$$(3) \qquad \int F\ d\tau = 1$$

Der lokale Mittelwert einer Funktion $\Psi\ (\vec{v})$ wird definiert:

$$(4) \qquad \overline{\Psi} = \int \Psi\ F\ d\tau$$

Die mittlere lokale Geschwindigkeit soll mit der lokalen Kollektivgeschwindigkeit identisch sein:

$$(5) \qquad \overline{\vec{v}} = \int \vec{v}\ F\ d\tau = \vec{W}$$

Der lokale Druck auf die Wände eines kleinen mitschwimmenden Volumens wird definiert (μ = Molekülmasse):

$$(6) \qquad p = \frac{\mu n}{3} \int \vec{V}^2\ F\ d\tau = \frac{\varrho}{3} \int \vec{V}^2\ F\ d\tau\ ;\ \ \varrho = \text{Dichte}$$

Der Bruchteil der Moleküle(von 1), welche in einem rechtwinkeligen v_x, v_y, v_z Koordinationssystem eine Geschwindigkeitskomponente in Richtung der positiven v_x Achse haben ist:

$$(7) \quad \int_{0}^{+\infty} \left\{ \int_{-\infty}^{+\infty} \int_{-\infty}^{+\infty} F \, dv_y \, dv_z \right\} dv_x$$

Die Zahl der Moleküle, die pro Zeit- und Flächeneinheit in Richtung der positiven v_x Achse fliegen, ist:

$$(8) \quad \dot{N}_F = n \int_{0}^{+\infty} \left\{ \int_{-\infty}^{+\infty} \int_{-\infty}^{+\infty} v_x \, F \, dv_y \, dv_z \right\} dv_x$$

Für die Geschwindigkeitsverteilerfunktion f gilt die Maxwell-Boltzmann'sche Stoßgleichung [18] bis [21]:

$$(9) \quad \frac{\partial f}{\partial t} + \sum_{i=1}^{3} v_i \frac{\partial f}{\partial x_i} = \int_{\mathcal{J}^*} \int_{b} \int_{\varepsilon} v_{\eta} \left\{ f^{*\prime} f' - f^* f \right\} b \, db \, d\varepsilon \, d\mathcal{J}^* ;$$

$$v_1 = v_x; \quad v_2 = v_y; \quad v_3 = v_z$$

$$x_1 = x; \quad x_2 = y; \quad x_3 = z$$

Wobei b den Stoßparameter, v_{η} die Relativgeschwindigkeit und ε das Stoßazimut bedeuten. Für den Gleichgewichtsfall folgt daraus die sog. Maxwell'sche Verteilungsfunktion:

$$(10) \quad f_0 = n \, F_0 = n \, A \, e^{-\frac{\beta}{2}(\vec{v} - \vec{W})^2} = n \, A \, e^{-\frac{\beta}{2}\vec{v}^2} ;$$

$$A = \left(\frac{\beta}{2\pi}\right)^{3/2} ; \quad \beta = \frac{M_0}{RT}$$

Für Nichtgleichgewichte macht man nach GRAD [18] (vgl. auch [19]) zur Lösung von (9) den Ansatz:

$$(11) \quad F = F_0 + \frac{1}{1!} \sum_{K} a_K \frac{\partial F_0}{\partial v_K} + \frac{1}{2!} \sum_{K,i} a_{Ki} \frac{\partial^2 F_0}{\partial v_K \, \partial v_i} + \ldots$$

Multipliziert man die Maxwell-Boltzmann'sche Stoßgleichung mit einer Funktion $\Psi(\vec{v})$, so erhält man nach Integration die sog. Maxwell'sche Transportgleichung. Indem man für Ψ die Stoßvarianten: Masse, Impuls und Energie einsetzt, folgt daraus [18], [19] :

18

Die Kontinuitätsgleichung

$$(12) \quad \frac{\partial \varrho}{\partial t} + \operatorname{div}(\varrho \vec{W}) = 0$$

der Impulssatz (Navier-Stokes'sche Gleichung):

$$(13) \quad \varrho \left\{ \frac{\partial W_K}{\partial t} + \sum_{i=1}^{3} W_i \frac{\partial W_K}{\partial x_i} \right\} = \varrho \frac{dW_K}{dt} = -\frac{\partial p}{\partial x_K} - \sum_{i=1}^{3} \frac{\partial \sigma_{iK}}{\partial x_i} \; ; \quad \begin{array}{l} K = 1,2,3; \\ W_1 = W_x; \text{ usw.} \end{array}$$

$$\sigma_{iK} = -\eta \left\{ \frac{\partial W_i}{\partial x_K} + \frac{\partial W_k}{\partial x_i} - \frac{2}{3} \delta_{iK} \operatorname{div} \vec{W} \right\} \; ; \quad \delta_{iK} = \begin{array}{l} 1 \text{ für } i = K \\ 0 \text{ für } i \neq K \end{array}$$

und der Energiesatz:

$$(14) \quad \frac{dh}{dt} - \frac{dp}{dt} = T \frac{ds_E}{dt} = \eta \chi + \sum_{i=1}^{3} \frac{\partial}{\partial x_i} \left(\lambda_W \frac{\partial T}{\partial x_i} \right)$$

Hier steht auf der rechten Seite mit $\eta\chi$ die Energiedissipation
durch Reibung und der Energieverlust durch Wärmeleitung. Der
Koeffizient der Zähigkeit η und der Wärmeleitung λ_W sind Funktionen von den Entwicklungskoeffizienten α_K in Gl. (11)

4.2 Gasdynamik

4.2.1 Isentrope stationäre rotationsfreie Kontinuumsströmung

Isentrope Strömung, für die s_E = konstant sein muß, bedeutet nach (14), daß die Energiedissipation $\eta\chi$
und die Wärmeleitung verschwinden muß. Da η und λ_W
Funktionen der Entwicklungskoeffizienten von Gl. (11)
sind, bedeutet das: In der isentropen Strömung herrscht
überall lokale Maxwellverteilung.

Impulssatz und Energiesatz lauten für die isentrope
Strömung nach (13) und (14):

$$\varrho \frac{d\vec{W}}{dt} = \varrho \left\{ \frac{\partial \vec{W}}{\partial t} + \frac{1}{2} \operatorname{grad} \vec{W}^2 - \vec{W} \times \operatorname{rot} \vec{W} \right\} = -\operatorname{grad} p$$

$$dh = \frac{1}{\varrho} dp$$

Ist die Strömung stationär und rotationsfrei, so schreibt
sich Kontinuitätsgleichung, Impuls- und Energiesatz:

$$\mathrm{div}\,(\varrho\,\vec{W}) = 0$$

$$(15)\qquad \frac{1}{2}\,\mathrm{grad}\,\vec{W}^2 \quad = -\frac{1}{\varrho}\,\mathrm{grad}\,p$$

$$dh \qquad\qquad = +\frac{1}{\varrho}\,dp$$

Für die Schallgeschwindigkeit c_s und Machzahl M gilt:

$$(16)\qquad c_s = \sqrt{k\,\frac{RT}{M_0}}\;;\quad M = \frac{W}{c_s}\;;\quad k = \frac{c_p}{c_v}$$

Die kritische Geschwindigkeit c_k und die Machzahl M^*
wird definiert durch:

$$(17)\qquad c_K = \sqrt{\frac{2k}{k+1}\,\frac{R}{M_0}\,T_0}\;;\quad M^* = \frac{W}{c_k}\;;\quad T_0 = \text{Ruhetemperatur bei } W = 0$$

Für isentrope Vorgänge gilt unter Benützung der idealen Gasgleichung:

$$p\varrho^{-k} = \frac{R}{M_0}\,T\varrho^{-(k-1)} = p_0\,\varrho_0^{-k} = \frac{R}{M_0}\,T_0\,\varrho_0^{-(k-1)}$$

Damit können mit Hilfe von (15) Druck p, Dichte ϱ und Temperatur T als Funktionen von W bzw. M ausgedrückt werden.

Es folgt für die sog. gasdynamischen Funktionen:

$$\frac{T}{T_0} = 1 - \frac{k-1}{k+1}\,M^{*2}\;;\quad \frac{T_0}{T} = 1 + \frac{k-1}{2}\,M^2$$

$$(18)\qquad \frac{p}{p_0} = \left\{1 - \frac{k-1}{k+1}\,M^{*2}\right\}^{\frac{k}{k-1}}\;;\quad \frac{p_0}{p} = \left(1 + \frac{k-1}{2}\,M^2\right)^{\frac{k}{k-1}}$$

$$\frac{\varrho}{\varrho_0} = \left\{1 - \frac{k-1}{k+1}\,M^{*2}\right\}^{\frac{1}{k-1}}\;;\quad \frac{\varrho_0}{\varrho} = \left(1 + \frac{k-1}{2}\,M^2\right)^{\frac{1}{k-1}}$$

Für die Geschwindigkeit $\vec{W}$ folgt die Differentialgleichung:

$$(19) \quad \text{div } \vec{W} = \frac{1}{2\,c_s^2}\ \vec{W} \cdot \text{grad } \vec{W}^2$$

Die gasdynamischen Funktionen sind in Abb. 9 für k = 1,1 dargestellt. Mit zunehmender Geschwindigkeit bzw. Machzahl nimmt also Druck, Dichte und Temperatur laufend ab. Man kann sich das so vorstellen, daß die ungeordnete thermische Molekülbewegung bzw. Geschwindigkeit, die von der Temperatur abhängt, in gerichtete Strömungsgeschwindigkeit $\vec{W}$ überführt wird.

2.1.1 Die eindimensionale Strömung

Durch Anwendung des Gauss'schen Integralsatzes auf die Kontinuitätsgleichung der stationären Strömung folgt:

$$\int \text{div}\,(\varrho\,\vec{W})\ d\xi \ = \int \varrho\,\vec{W}\,d\,\vec{f} = 0$$

Die Integrationsfläche des Oberflächenintegrals kann man in Abschnitte zerlegen, deren Flächennormale senkrecht zu $\vec{W}$ stehen, wo $\vec{W}\,d\,\vec{f} = 0$ und in solche, deren Flächennormalen parallel zu $\vec{W}$ stehen, wo $\vec{W}\,d\,\vec{f}$ = Wdf. Von pathologischen Fällen abgesehen, gibt es zwei Flächenstücke F_1 und F_2, auf denen dies der Fall ist. Ist nun $W = |\vec{W}|$ längs dieser Flächen konstant, so folgt:

$$(20) \quad \varrho_1\,W_1\,F_1 - \varrho_2\,W_2\,F_2 = 0 \text{ oder } I = \varrho\,WF = \text{const.}$$

Mit Hilfe von (18) kann man dafür schreiben:

$$\varrho_o\,\left(1 - \frac{k-1}{k+1}\,M_1^{*2}\right)^{\frac{1}{k-1}}\,M_1^*\,F_1 = \varrho_o\,\left(1 - \frac{k-1}{k+1}\,M_2^{2*}\right)^{\frac{1}{k-1}}\,M_2^*\,F_2$$

$$(20a) \qquad \frac{F_{min}}{F} = \frac{M^*\,\left(1 - \frac{k-1}{k+1}\,M^{*2}\right)^{\frac{1}{k-1}}}{\left(\frac{2}{k+1}\right)^{\frac{1}{k-1}}}$$

wo F_{min} die Fläche bei $M^* = 1$ ist. (Gl. 20a) ist in Abb. 9 mit dargestellt).

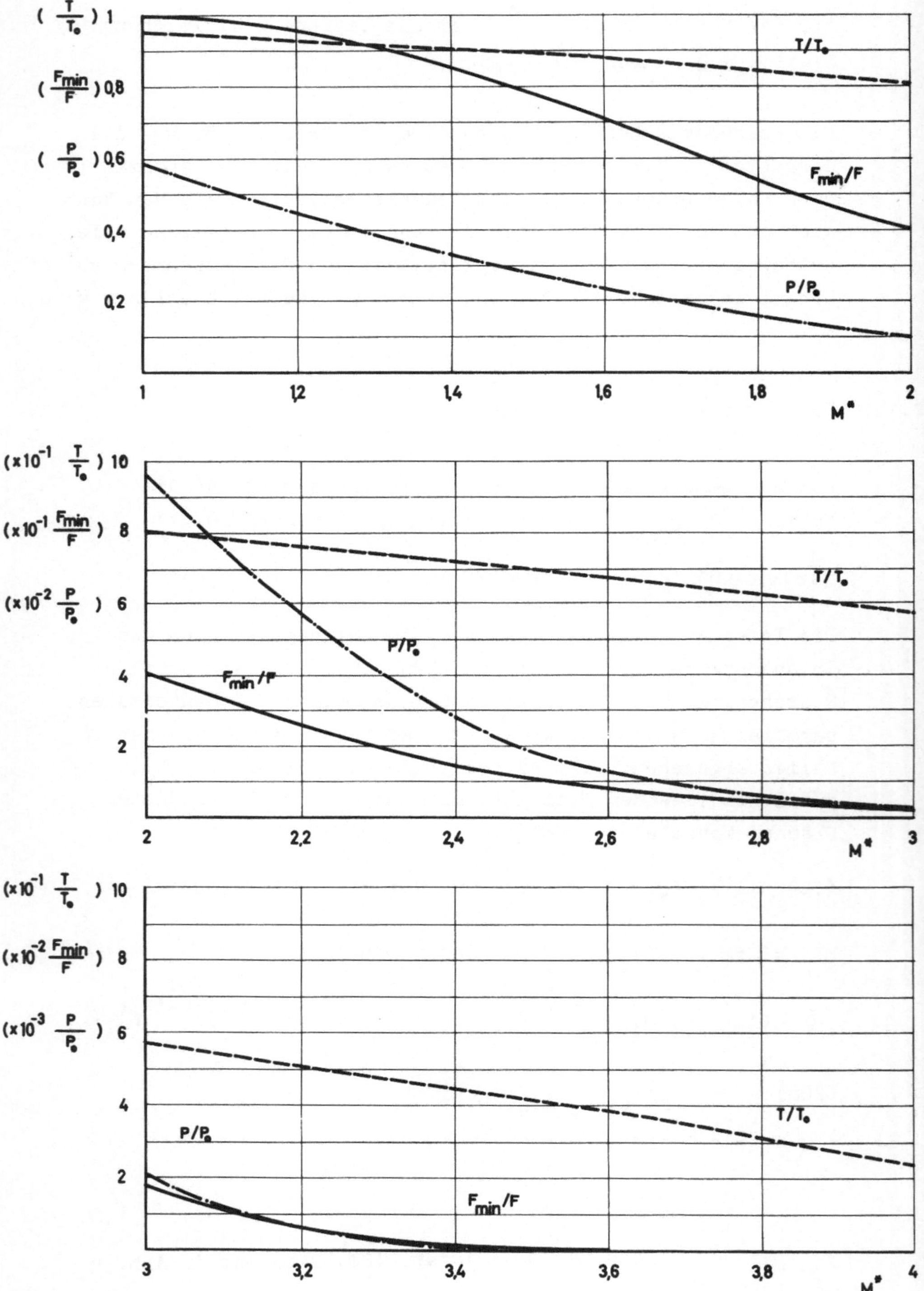

22   Abb. 9   Gasdynamische Funktionen für K = 1,1

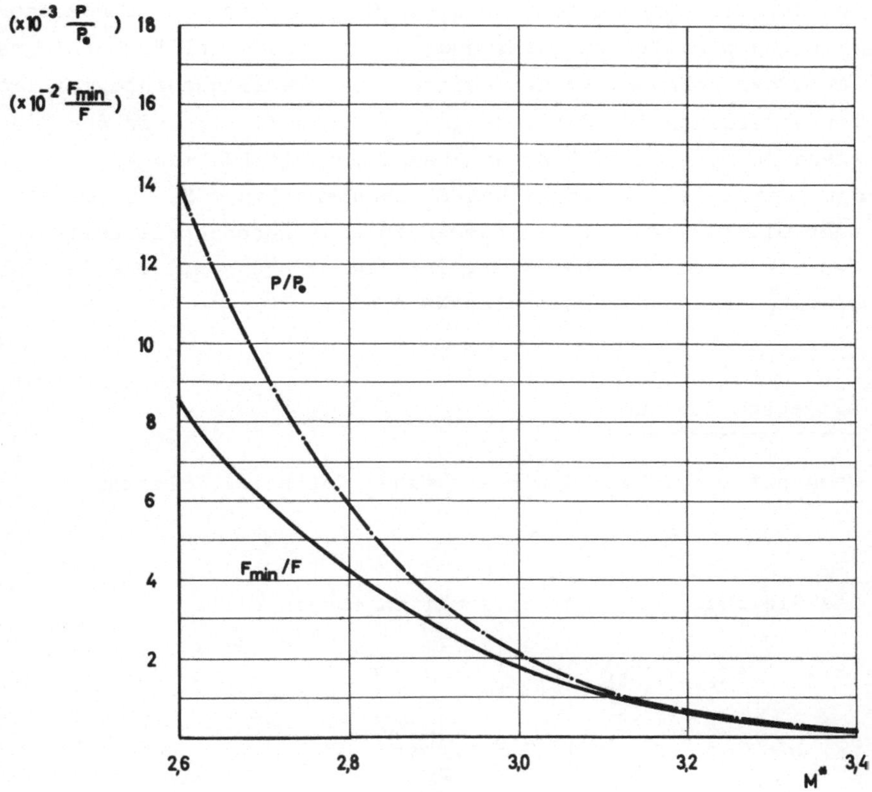

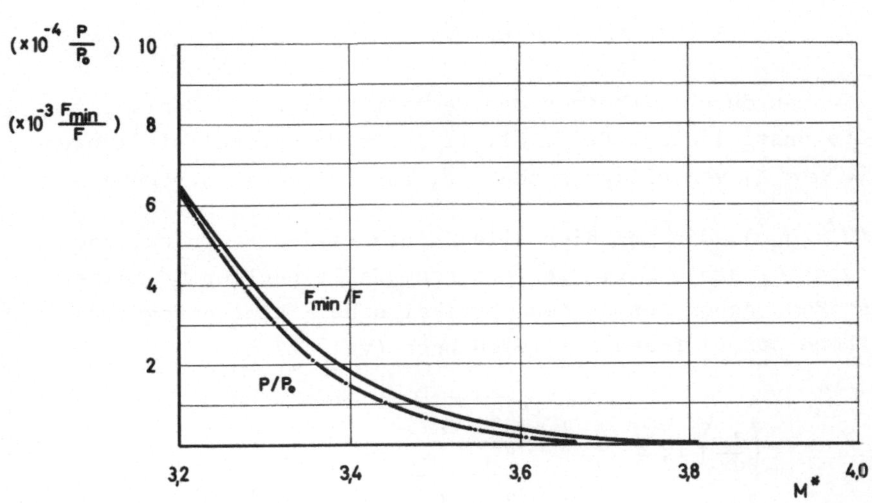

Abb. 9   Gasdynamische Funktionen für K = 1,1

23

Bei der Strömung in rohrähnlichen Gebilden ist die Strömungsrichtung parallel zur Rohrwand, so daß das Oberflächenintegral
längs der Rohrwand keinen Beitrag zum Oberflächenintegral liefert. Vielfach ist die Bedingung W = const. auch oft für die
ebene Querschnittsfläche annähernd erfüllt. Da man so aus
dem geometrisch zugänglichen Flächenverhältnis M^* und damit
nach Gl. (18) auch alle anderen interessierenden Parameter
der Strömung berechnen kann, ist dies die eigentliche Be-
deutung der eindimensionalen Näherung.

4.2.1.2 Die ebene Strömung

Wenn rot $\vec{W} = 0$ kann man $\vec{W}$ aus einem Potential ableiten:

$$\vec{W} = \text{grad}\,\varphi$$

Die Gleichung (19) lautet damit in ebenen Fall:

$$(21) \qquad A\varphi_{xx} + 2B\varphi_{xy} + C\varphi_{yy} - D = 0$$

$$\text{wo} \qquad A = 1 - \frac{\varphi_x^2}{c_s^2} \; ; \quad B = - \frac{\varphi_x\,\varphi_y}{c_s^2}$$

$$C = 1 - \frac{\varphi_y^2}{c_s^2} \; ; \quad D = 0$$

Wie man durch Einsetzen der Werte für A, B, C sieht, ist
die quasi-lineare Diff. Gl. (21) für Unterschallströmungen
$(W^2 < c_s^2)$ vom elliptischen Typ, für Überschallströmungen

$(W^2 > c_s^2)$, die uns hier allein interessieren werden, vom
hyperbolischen Typ. Die in diesem Falle reellen Charakteristiken gehorchen in der physikalischen- bzw. hodographen
Ebene den Differentialgleichungen (vgl. 22):

$$\left(\frac{dy}{dx}\right) I,\ II = \frac{B \stackrel{+}{} \sqrt{B^2 - AC}}{A}$$

$$(22) \qquad \left(\frac{d\varphi_y}{d\varphi_x}\right) I,\ II = -\frac{B \stackrel{+}{} \sqrt{B^2 - AC}}{C} + \frac{D}{C}\left(\frac{dy}{d\varphi_x}\right) I,\ II$$

Dabei gehört das obere Vorzeichen (der Wurzel) zur Familie
I und das untere Vorzeichen zur Familie II der Charakteristiken.

Setzt man zur Abkürzung: $\mathcal{S}_x = W_1$; $\mathcal{S}_y = W_2$, so schreiben sich die
Differentialgleichungen der Charakteristiken für die ebene
Strömung in der Form

$$\left(\frac{dy}{dx}\right) I, II = \frac{-\dfrac{W_1 W_2}{c_s^2} \pm \sqrt{\dfrac{W_1^2 + W_2^2}{c_s^2} - 1}}{1 - \dfrac{W_1^2}{c_s^2}}$$

(23)

$$\frac{dW_2}{dW_1} \ I, II = \frac{\dfrac{W_1 W_2}{c_s^2} \pm \sqrt{\dfrac{W_1^2 + W_2^2}{c_s^2} - 1}}{1 - \dfrac{W_2^2}{c_s^2}}$$

Dreht man das Achsenkreuz so, daß die positive x-Achse in
Richtung des Geschwindigkeitsvektors $\vec{W}$ zeigt, so folgt für den
Winkel α zwischen Geschwindigkeitspfeil und Tangente an die
Charakteristik in der physikalischen Ebene, den man auch Mach-
winkel nennt:

$$\left(\frac{d\bar{y}}{d\bar{x}}\right) I, II = tg\alpha = \frac{\pm\sqrt{\dfrac{W^2}{c_s^2} - 1}}{1 - \dfrac{W^2}{c_s^2}} = \mp\frac{1}{\sqrt{\dfrac{W^2}{c_s^2} - 1}}$$

(24)

$$= \mp\frac{1}{\sqrt{M^2 - 1}} = \mp\sqrt{\frac{1 - \dfrac{k-1}{k+1} M^{*2}}{M^{*2} - 1}}$$

Der Machwinkel α ist also durch die Machzahl eindeutig bestimmt
und wird in der analytischen Darstellung stets positiv gezählt.
Man nennt die physikalischen Charakteristiken der Familie I
rechtsläufige und die der Familie II linksläufige Machlinien

Setzt man:

$$(25) \quad W_1 = W \cos\vartheta = c_k\, M^* \cos\vartheta \; ; \quad W_2 = W \sin\vartheta = c_k\, M^* \sin\vartheta$$

so erhält man unter Berücksichtigung von (24) für die Charakteristiken (vgl. auch Abb. 1o)

$$\left(\frac{dy}{dx}\right)_{I,\,II} = \frac{-M^2 \cos\vartheta \sin\vartheta \pm \sqrt{M^2-1}}{1 - M^2 \cos^2\vartheta} = \operatorname{tg}(\vartheta \pm \alpha) = \operatorname{tg} A_{I,\,II}$$

$$(23a) \quad \frac{1}{M^*}\left(\frac{dM^*}{d\vartheta}\right)_{I,\,II} = \mp \sqrt{\frac{1- \frac{k-1}{k+1} M^{*2}}{M^{*2}-1}} = \mp \frac{1}{\sqrt{M^2-1}} = \mp \operatorname{tg}\alpha$$

Die letzte Gleichung kann in der Form geschrieben werden:

$$(25b) \quad d\,V_{I,\,II}(M^*, \vartheta) = \frac{1}{M^*\,\operatorname{tg}\alpha}\, dM^* \pm d\vartheta$$

längs einer Charakteristik ist $V_{I,\,II}$ konstant. Im Gegenzeigersinn nimmt V_I zu und V_{II} ab.

Man kann zeigen, daß die Lösungskurven in der Hodographen-Ebene Epizykloiden sind, bei denen der Kreis mit dem Radius

$$\frac{1}{2}\left\{\sqrt{\frac{k+1}{k-1}} - 1\right\} \quad \text{bzw.} \quad \frac{c_k}{2}\left\{\sqrt{\frac{k+1}{k-1}} - 1\right\}$$

auf dem Einheitskreis bzw. auf dem Kreis mit dem Radius c_k abrollt (Abb. 11).

Mit Hilfe von (23) zeigt man leicht, daß gilt:

$$\left(\frac{dy}{dx}\right)_I \left(\frac{dW_1}{dW_2}\right)_{II} = \operatorname{tg} A_I \operatorname{tg} B_{II} = -1 \; ;$$

$$(26) \quad \left(\frac{dy}{dx}\right)_{II} \left(\frac{dW_2}{dW_1}\right)_I = \operatorname{tg} A_I \operatorname{tg} B_{II} = -1$$

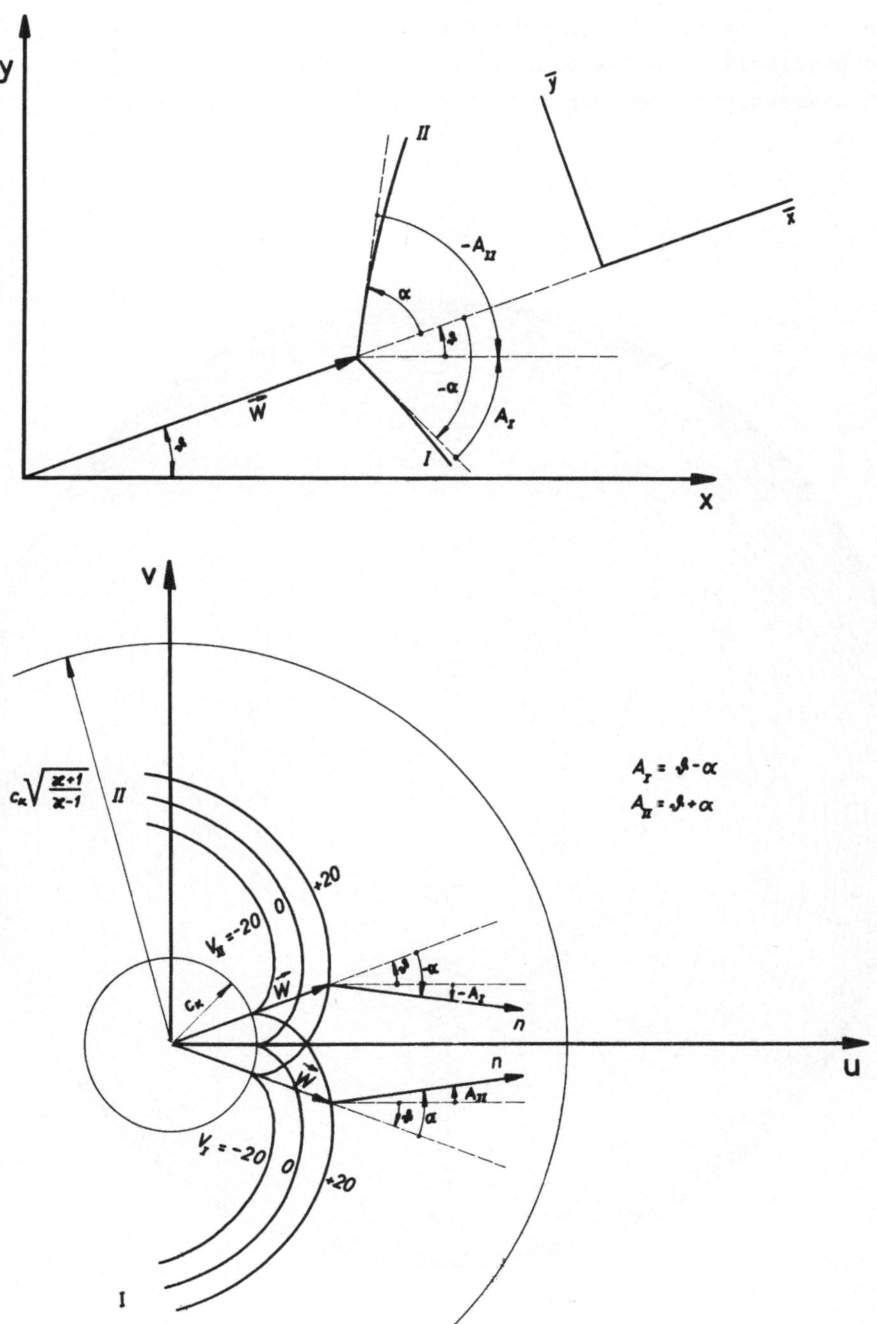

Abb. 10   Charakteristiken in der physikalischen und hodographen Ebene

d.h. die Tangente der Charakteristik der einen Familie in
der physikalischen Ebene zeigt in die Richtung der Normalen
der Charakteristiken der anderen Familie in der hodographen
Ebene.

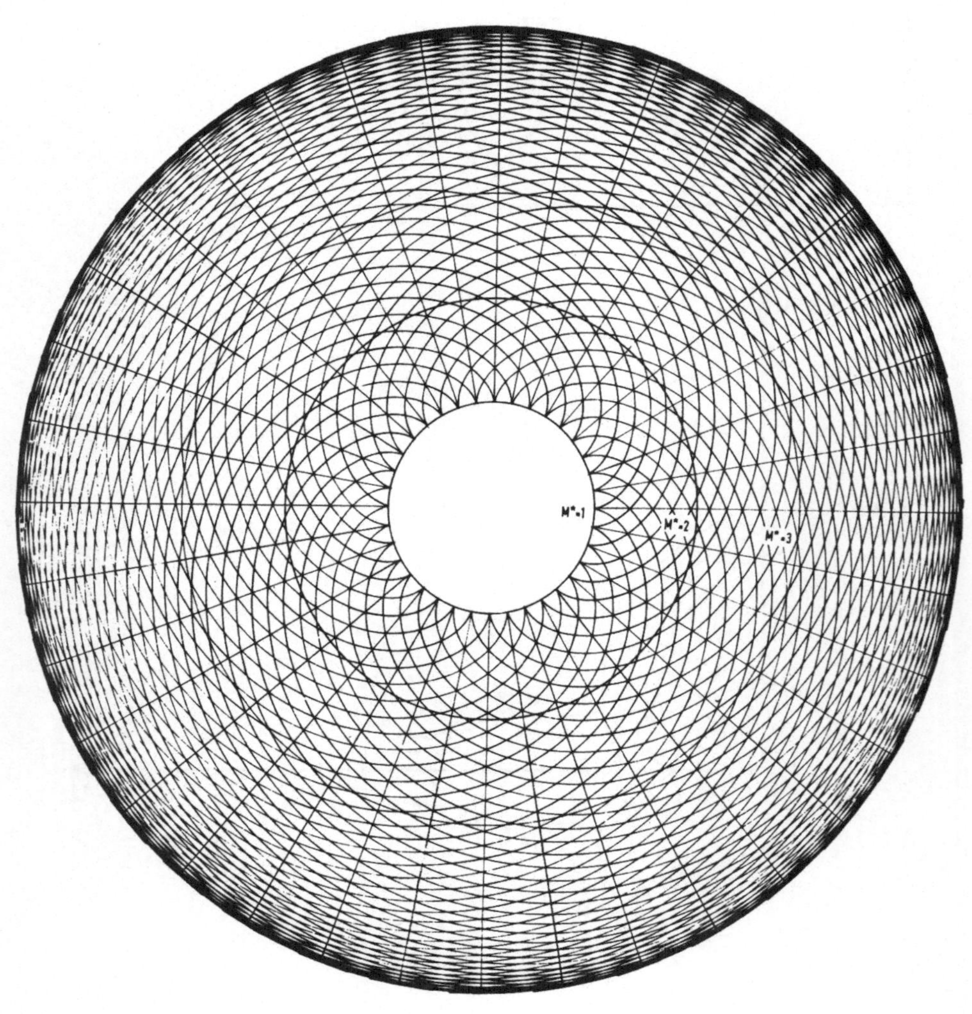

Abb. 11   Epizycloidendiagramm für K = 1,1

4.2.1.3 Die rotationssymmetrische Strömung

Mit $\vec{W} = \text{grad}\,\Phi$ lautet die Gleichung (19) im rotationssymmetrischen Fall:

$$(27) \quad A\Phi_{xx} + 2\,B\Phi_{xr} + C\Phi_{rr} - D = 0$$

wo

$$A = 1 - \frac{\Phi_x^2}{c_s^2} \;;\quad B = -\frac{2\,\Phi_x\Phi_r}{c_s^2} \;;\quad C = 1 - \frac{\Phi_r^2}{c_s^2} \;;\quad D = -\frac{\Phi_r}{r}$$

Mit $W_1 = \Phi_x$ und $W_2 = \Phi_r$ lauten die Gleichungen der Charakteristiken nach (22):

$$\left(\frac{dr}{dx}\right)_{I,\,II} = \frac{-W_1 W_2 \pm c_s \sqrt{W_2^2 + W_1^2 - c_s^2}}{c_s^2 - W_1^2}$$

$$(28)\quad \left(\frac{dW_2}{dW_1}\right)_{I,\,II} = \frac{W_1 W_2 \pm c_s \sqrt{W_1^2 + W_2^2 - c_s^2}}{c_s^2 - W_2^2} - \frac{c_s^2\,W_2}{c_s^2 - W_2^2}\,\frac{1}{r}\left(\frac{dr}{dW_1}\right)_{I,\,II}$$

Durch Anwendung der Transformation (25) unter Benützung von
(24) kann man dafür schreiben:

$$(28a)\quad \left(\frac{dr}{dx}\right)_{I,\,II} = \text{tg}\,(\vartheta \mp \alpha) \;;$$

$$\frac{1}{M^*}\left(\frac{dM^*}{d\vartheta}\right)_{I,\,II} = \mp\,\text{tg}\,\alpha\left\{1 + \frac{\sin\alpha\,\sin\vartheta}{\sin(\vartheta \mp \alpha)}\,\frac{1}{r}\,\left(\frac{dr}{d\vartheta}\right)\right\}_{I,\,II}$$

Da in der Hodographencharakteristik r vorkommt, kann sie im
Gegensatz zum ebenen Fall nicht ein für allemal integriert
werden; mit Hilfe von (Abb. 10) kann sie in der Form geschrieben werden

$$(28b)\quad \frac{1}{M^*\,\text{tg}\,\alpha}\,dM^*_{I,\,II} = \mp\,d\vartheta + \frac{\sin\alpha\,\sin\vartheta}{r}\,ds_{I,\,II}$$

$$= \mp\,d\vartheta + d\sigma_{I,\,II}$$

4.2.1.4 Durchführung der Integration

Ebene Strömung

Sind Geschwindigkeit und Strömungsrichtung in zwei Punkten vorgegeben, so sind damit in der physikalischen und hodographen Ebene die Punkte 1 und 2 festgelegt. Die Richtung der Machlinien zu diesen Punkten findet man nach (26) durch die Normalen auf die Epizykloiden. Der Punkt 3 ist in der physikalischen Ebene durch den Schnittpunkt der Machlinien und in der hodographen Ebene durch den Schnittpunkt der Epizykloidenbögen gegeben (Abb. 12).

Rotationssymmetrische Strömung

In Gleichung (28b) bedeutet:

$$\frac{1}{M^* \, \mathrm{tg}\alpha} \, dM^*{}_I = - d$$

ein Fortschreiten längs des Epizykloidenbogens $\widehat{13}$ der Familie I. Dabei wird der Strömungswinkel ϑ verkleinert. Der Ausdruck

$$d\sigma_I = \frac{\sin\vartheta \sin\alpha}{r} \, ds_I$$

kann dadurch berücksichtigt werden, daß die Epizykloide um diesen Winkel im Gegenzeigersinn verdreht wird. (In dieser Richtung nimmt die Familie I zu).

Der Ausdruck

$$\frac{1}{M^* \, \mathrm{tg}\alpha} \, dM^*{}_{II} = d\vartheta$$

in Gl. (23b) bedeutet ein Fortschreiten längs des Epizykloidenbogens 23 der Familie II.

Der Ausdruck

$$d\sigma_{II} = \frac{\sin\vartheta \sin\alpha}{r} \, ds_{II}$$

kann berücksichtigt werden, indem die Epizykloide um diesen Winkel im Uhrzeigersinn verdreht wird. (In dieser Richtung

nimmt die Familie II zu). Der Schnittpunkt 3 ' der gedrehten
Epizykloiden bestimmt den Strömungszustand im Punkt 3 der
physikalischen Ebene (vgl. Abb. 12 und [23]).

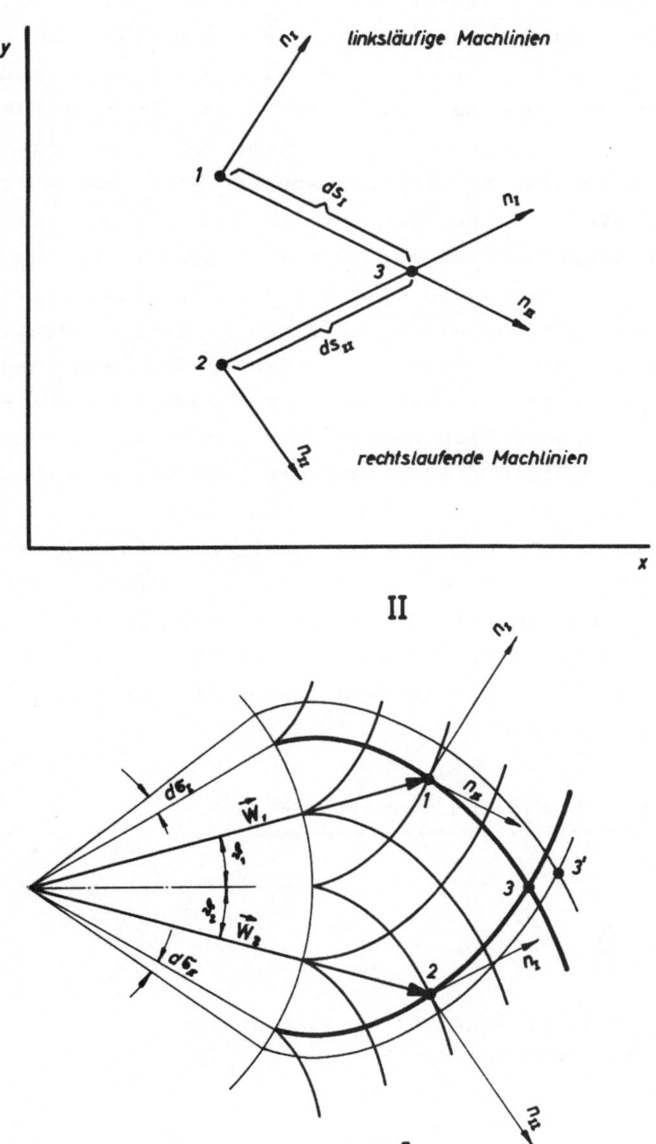

Abb. 12   Konstruktion der Strömungsbilder im
ebenen und rotationssymmetrischen Fall

5. Kriterien für die Anwendung der Gasdynamik und Öldampfströmung

Bei den Ölen, wie sie üblicherweise in Diffusionspumpen verwendet werden, handelt es sich um Moleküle mit hohem Molekulargewicht und dementsprechend vielen Freiheitsgraden. Kutscher[11]
hat bei seinen Untersuchungen einen Adiabatenexponenten von
$k = 1,1$ angenommen und damit gute Übereinstimmung von Experiment
und gasdynamischer Theorie erhalten. Es soll daher im folgenden
ebenfalls mit dem gleichen k gerechnet werden. Bei den Untersuchungen des Dampfstrahles in Diffusionspumpen kommt man aber
in kleinere Druckgebiete als bei den Untersuchungen von
Kutscher, der sich hauptsächlich mit Dampfstrahlpumpen bis zu
einem minimalen Ausgangsdruck von etwa 5×10^{-2} Torr beschäftigt
hat. Deshalb muß zunächst vor allem die Frage geklärt werden,
bis zu welchen Drücken die Gesetze der gasdynamischen Kontinu-
umtheorie gelten. Denn: die Beschreibung der Strömung mit Hilfe der Gasdynamik, die natürlich Kontinuumsströmung voraus-
setzt, ist verhältnismäßig einfach. Auch die Behandlung der
bei sehr tiefen Drücken herrschenden Molekularströmung ist
verhältnismäßig einfach. Gerade aber das Übergangsgebiet zwischen Kontinuumströmung und Molekularströmung ist außerordentlich schwer zu erfassen und soll deshalb nach Möglichkeit ver-
mieden werden. Es sollen daher im folgenden Gültigkeitskriterien
behandelt werden, bei deren Erfülltsein die gasdynamische
Theorie angewandt werden darf.

5.1 Gültigkeitskriterien für die Kontinuumstheorie

Ein Gültigkeitskriterium für die Kontinuumsströmung ist die
Knudsenzahl:

$$(1) \qquad Kn = \frac{\Lambda}{d_s}$$

wo Λ die mittlere freie Weglänge und d_s eine geeignet gewählte
Apparatdimension z.B. der Strahldurchmesser ist.
Vielfach teilt man in folgende Bereiche ein:

$0 < Kn < 0,01$	Kontinuumsströmung
$0,01 < Kn < 0,1$	Gleitströmung
$0,1 < Kn < 10$	Übergangsströmung
$10 < Kn$	Freie Molekularströmung

Der Übergang von Kontinuumsströmung zur Molekularströmung wurde
z.B. von K. Bier [15], [16] am Beispiel frei expandierender Gasstrahlen eingehend studiert. Er fand, daß frei expandierende
Gasstrahlen in Strahlrichtung mit einem Verdichtungsstoß enden,
in dem der Strahldruck bis ungefähr auf den Gegendruck ansteigt.
Definiert man die Knudsen-Zahlen als mittlere freie Weglänge
hinter dem Stoß zu Stoßbreite, so findet Bier, daß für Knudsen-
Zahlen unterhalb $4 \cdot 10^{-2}$ weitgehend gasdynamische, also Kontinuumsströmung herrscht. Da die mittlere freie Weglänge vor dem
Stoß größer als hinter dem Stoß ist, folgt daraus, daß ein gasdynamisches Verhalten bei diesen Versuchen sogar noch bei etwas
größeren Knudsen-Zahlen vorhanden war.

Rein anschaulich bedeutet ja, daß bei einer isentropen Expansionsströmung die ungeordnete thermische Geschwindigkeit in gerichtete Kollektiv- bzw. Strahlgeschwindigkeit überführt wird,
wobei überall im Strömungsfeld Maxwell-Verteilung herrscht. Die
lokale Maxwell-Verteilung ist aber an jedem Ort anders, da ja
in Strömungsrichtung die Kollektivgeschwindigkeit zunimmt und
die mittlere thermische Geschwindigkeit abnimmt. Um den Übergang von einer lokalen Maxwell-Verteilung zur anderen zu be-
werkstelligen, müssen zwischen den beiden betrachteten Orten
"genügend" Zusammenstöße stattfinden, wobei natürlich umsomehr
Zusammenstöße erforderlich sind, je mehr sich die örtliche
Maxwell-Verteilung mit dem Fortschreiten in der Strömung
ändert oder anders ausgedrückt: Je größer der Temperatur- bzw.
Geschwindigkeits-, Druck- und Dichtegradient in der Strömung
ist, umso höher muß der Absolutdruck sein, um gasdynamisches
Verhalten zu gewährleisten.

Abweichungen von der örtlichen Maxwell-Verteilung verschwinden
im allgemeinen mit der Zeit t nach einem Gesetz der Form

$$(2) \qquad e^{-\frac{t}{t_\lambda}}$$

wobei t_λ die sog. Relaxationszeit ist. Diese Relaxationszeit ist
das Produkt aus einer charakteristischen Stoßzahl Z und der Zeit,
die ein Molekül im Mittel zwischen zwei Zusammenstößen braucht.

$$(2a) \qquad t_\lambda = Z \, \frac{\Lambda}{\bar{c}}$$

Wie schon A. Eucken [24](Bd. II, S. 361)beschreibt, gilt (2a)
für $Z \approx 1$ solange man nur die translatorischen Freiheitsgrade
betrachtet. Ähnlich findet H. Grad [18](S. 368), daß die Entwicklungskoeffizienten der von ihm verwendeten Entwicklung
für Nicht-Maxwell-Verteilung nach Gl. (2) verschwinden. Auch
experimentelle Ergebnisse bei der Untersuchung von Verdichtungsstößen [25], wo innerhalb weniger freier Weglängen eine ganz
beträchtliche Änderung der örtlichen Maxwell-Verteilung auftritt,
bestätigen die Gültigkeit des Ansatzes von Gl. (2).
Aufgrund dieser Tatsachen hat E. Knuth [17]ein Kriterium ange-
geben, daß eine Abweichung von der Kontinuumstheorie dann zu erwarten ist, sobald

$$(3) \qquad \left(\frac{W}{dx} \ \frac{dT}{T} \right)_{is} t_{\lambda} \ = \ 1 \ \text{bzw.} \ Z = \frac{\bar{c}}{\Lambda} \ \left(\frac{T}{W} \ \frac{dx}{dT} \right)_{is}$$

Anschaulich ist dieses Kriterium sofort klar:
dx/W bedeutet die Zeit, die in der Strömung zum Zurücklegen der
Strecke dx benötigt wird, dT/T ist die relative Temperaturänderung
in der isentropen Strömung auf diesem Strömungsweg. Das Produkt
aus Relaxationszeit und relativer Temperaturänderung muß also
gleich der Zeit sein, die eine gedachte Strömungsfront zum Zurücklegen der Strecke dx in der Strömung benötigt.

Wie schon erwähnt, sind charakteristische Stoßzahlen im Fall der
translatorischen Freiheitsgrade ungefähr 1, im Fall der Rotations-
freiheitsgrade hat Z die Größenordnung 10, im Fall der Schwingungsfreiheitsgrade 10^3 bis 10^7.

Das Kriterium (3) wurde im Fall frei expandierender Gasstrahlen
mit gutem Erfolg angewendet [16] . Bei diesen Versuchen wurde im
wesentlichen mit Edelgasen und Stickstoff gearbeitet. Es ergab sich
für $Z \approx 1$ auch für zweiatomige Gase gute Übereinstimmung mit dem
Experiment. Es fragt sich nun, welche charakteristische Stoßzahl
Z für die Öldampfströmung anzusetzen ist.

Bei dem kleinen k-Wert von 1,1 könnte man zumindest annehmen, daß
es sich bei den inneren Freiheitsgraden um Schwingungsfreiheitsgrade
handelt. Leider liegen bisher kam experimentelle Untersuchungen von

Öldampfströmungen vor, um diese Frage eindeutig zu entscheiden.
Die Arbeit, welche vielleicht am meisten Auskunft gibt, ist die
von Kutscher [11]. Analysiert man sie, so erhält man auf der
Strömungsachse, für die allein der Druckverlauf gemessen wurde,
Stoßzahlen Z von etwa 10^4 bis 850. Berücksichtigt man auch die
seitliche Strahlausbreitung, so kommt man auf Stoßzahlen Z wesentlich unter 100. Obwohl die Arbeit von Kutscher für den
Strömungsverlauf am Strahlrand keine über alle Zweifel erhabenen
Beweise enthält, dürfte die dort angegebene Strahlgrenze, nach
allem was man heute über Dampfstrahlpumpen weiß, im Großen und
Ganzen richtig sein. Der daraus folgende Schluß, daß es sich bei
den inneren Freiheitsgraden der Ölmoleküle um typische Rotations-
freiheitsgrade handelt, wird durch ganz allgemeine quantentheo-
retische Überlegungen bestätigt. Es ist bei den vorherrschenden
Temperaturen $T < T_0 = 500°$ K unwahrscheinlich, daß Schwingungs-
energien im wesentlichen Umfang angeregt sind. Wir werden deshalb
im folgenden Z = 10 annehmen, was eine charakteristische Stoßzahl
für die Anregung von Rotationsfreiheitsgraden ist.

5.2 Gültigkeit der isentropen Strömung

Die isentrope Strömung ist unter Kontinuumbedingungen sicher dann
erfüllt, falls die Grenzschichtdicke klein gegen den Strahldurchmesser ist. Die Grenzschichtdicke kann folgendermaßen abgeschätzt
werden (vgl. z.B. [26]): Für die Grenzschicht mit der Dicke δ
in Richtung längs einer in der x Richtung sich erstreckenden
Platte gilt angenähert:

$$\text{Trägheitskräfte} = \varrho W \frac{\partial W}{\partial x} = \text{Reibungskräfte} = \frac{\partial \tau}{\partial y}$$

Wegen $\tau = \eta\, \partial W/\partial y$ kann man dafür schreiben:

$$(4) \qquad \varrho W \frac{\partial W}{\partial x} = \eta \frac{\partial^2 W}{\partial y^2}$$

Mit L als Anströmlänge kann man dafür näherungsweise schreiben:

$$\varrho W \frac{W}{L} = \eta \frac{W}{\delta^2}$$

$$\delta = \sqrt{\frac{\eta}{\varrho} \frac{L}{W}} = \frac{L}{\sqrt{Re}} \quad ; \quad Re = \frac{\varrho W L}{\eta}$$

Es gibt zwar heute eine ganze Anzahl von Methoden, um die Grenzschichtdicke genauer zu bestimmen als dies Gl. (5) zuläßt, jedoch
wird dabei immer Kontinuumströmung vorausgesetzt. Dies bedeutet
jetzt aber, daß die freie Weglänge klein gegen die Grenzschichtdicke sein muß, wobei die Grenzschichtdicke wiederum klein gegen
den Strahldurchmesser ist. Sobald δ in die Größenordnung der freien
Weglänge kommt, ist eine wirkliche Grenzschichtberechnung ohne
Kenntnis der Akkomodationskoeffizienten und der Gleitungskoeffizienten unmöglich. Immerhin finden Touryan und Drake[27] auch
für den Fall, daß δ in der Größenordnung der freien Weglänge liegt,
daß Gl. (5) leidlich erfüllt ist.

Für Öldampfströmungen liegen bisher meines Wissens kaum Messungen
für die Gleitungskoeffizienten und wenig Messungen für die Akkommodationskoeffizienten vor. Unter Zugrundelegung von Z = 10 könnte
geschlossen werden, daß der mittlere Akkommodationskoeffizient
wesentlich kleiner als 1 ist. Messungen von Y. Tuzi[28] am Diffusi-
onspumpenöl "Octoil" bestätigen diese Vermutung. Ein Akkommodationskoeffizient wesentlich kleiner als 1 verursacht eine Vergröße-
rung des Temperatursprunges an der Wand und damit eine Verringerung
der Grenzschichtdicke. Dies kann man sich rein anschaulich klarmachen: bei der isentropen Expansionsströmung herrscht im Strahl
eine Temperatur, die unter der Wandtemperatur liegt. Falls Moleküle, die von der Wand reflektiert werden, mit einer geringeren
Temperatur als Wandtemperatur in den Strahl zurückkehren, ist der
Temperaturunterschied zu den Strahlmolekülen kleiner als beim Akkommodationskoeffizienten 1, so daß der Unterschied zum mittleren
Zustand der Strahlmoleküle verkleinert wird und damit die Grenzschichtdicke abnimmt. Wir werden deshalb im folgenden (5) benützen.

5.3 Kondensationseffekte

Bei der Expansion von Öldampf in Diffusionspumpen geht man im allgemeinen vom Naßdampf oder doch verhältnismäßig wenig überhitztem
Dampf aus *). Da bei der isentropen Expansion im Strahl eine erheb-

---

*) Z.B. findet bei der in Abb. 1b gezeigten Erhitzungsart eine
Dampfüberhitzung statt, die durch die nach oben reichenden
Wärmeleitungsbleche, an denen der Dampf vorbeistreicht, ver-
ursacht wird.

liche Temperaturabnahme stattfindet, sollte eigentlich eine
Kondensation im Strahl auftreten. Bei schnell expandierenden
Strömungen und relativ kleinen Drücken treten nun erhebliche
Übersättigunen ein [29], [30], [16]. Für das Einsetzen der
Kondensation gibt es heute noch keine eindeutigen Kriterien,
doch kann als sicher gelten, daß das Einsetzen der Kondensation
im Strahl erst bei umso größerer Übersättigung eintritt, je
kleiner der Druck im Strahl bzw. der damit eng verknüpfte
Ruhedruck p_0 ist. Dies ist physikalisch unmittelbar einleuch-
tend; denn je kleiner der Druck im Strahl ist, desto kleiner
ist die Stoßzahl, sodaß die Kondensation verzögert wird.
Kutscher [11] findet bei Expansionsverhältnissen $p/p_0 = 10^{-3}$
und einem Ruhedruck p_0 = 50 Torr bei Öldampfströmungen keine
Kondensation. Bei Diffusionspumpen mit etwa dem gleichen Expansionsverhältnis, aber um fast zwei Zehnerpotenzen kleinerem
Ruhedruck, ist daher keine Kondensation im Dampfstrahl zu erwarten.

6. Die Öldampfströmung in der Düse

Abb. 13 zeigt den Strömungsverlauf in der obersten Düse (Hochvakuumdüse) einer kommerziell erhältlichen Diffusionspumpe der
Saugöffnung 250 mm für isentrope (grenzschichtfreie) Strömung
für k = 1,1 in rotationssymmetrischer Näherung, wobei gleiche
Bezeichnungen der Netzpunkte in der physikalischen und Hodographenebene zusammengehören. Wie man sieht. liefert die rotationssymmetrische Behandlung fast die gleichen Werte wie die
ebene Behandlung. Erst am Düsenende treten Abweichungen gegenüber der ebenen Strömung auf. Diese Netzpunkte sind in der
Hodographenebene mit einem Strich gekennzeichnet (z.B. 68')

Um die Zulässigkeit des Charakteristikenverfahrens zu prüfen,
wurden die in 5 angegebenen Kriterien untersucht. Dabei wurde
folgendes verwandt:

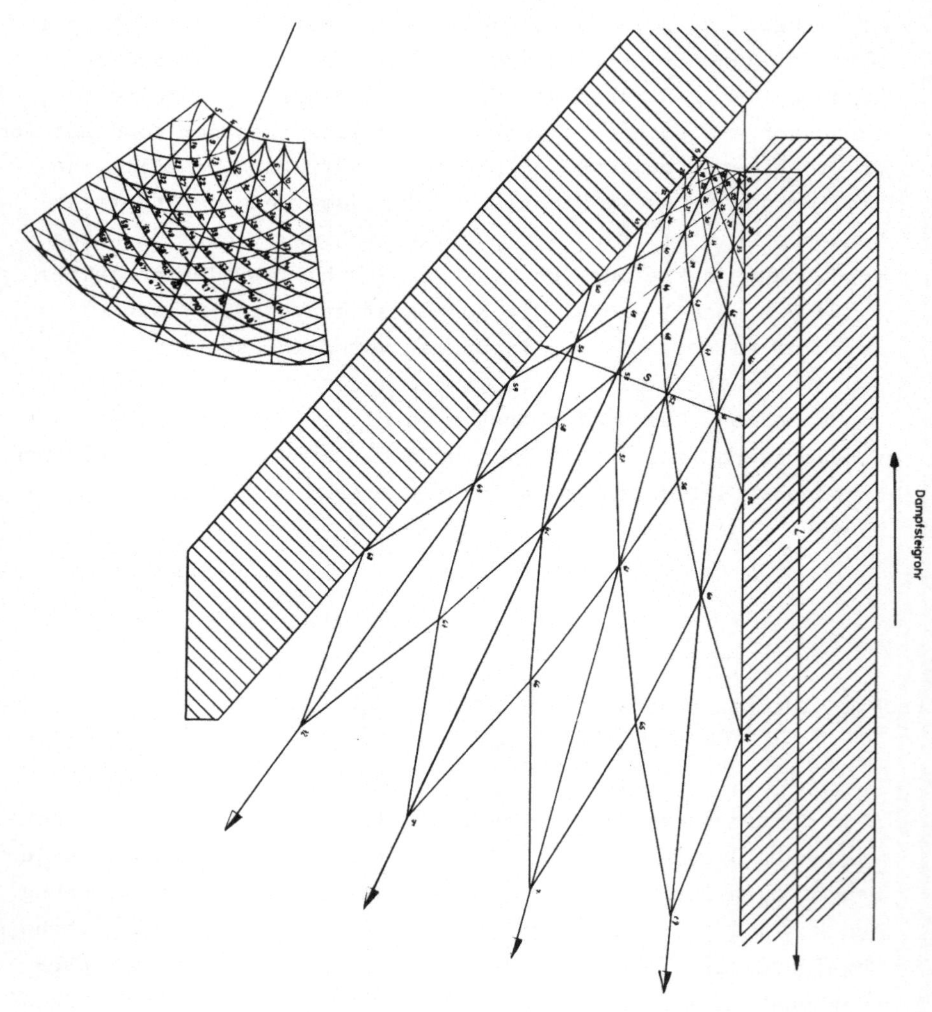

Abb. 13   Strömungsverlauf in der Hochvakuumdüse
einer Diffusionspumpe

Mittlere freie Weglänge:

Nach [2] wurde gesetzt:

$$(1) \quad \Lambda = \frac{R\,\mu\;T_o}{M_o\,d^2\;p_o\sqrt{2}}\;\frac{\frac{T}{T_o}}{\frac{p}{p_o}} = \Lambda_o\,\frac{\frac{T}{T_o}}{\frac{p}{p_o}} \quad ;\Lambda_o = 1,17 \times 10^{-5}\ m$$

$$\frac{R\mu}{M_o} = K_B = \text{Boltzmannkonstante}$$

wobei sich Λ_o bei $T_o = 500°$ K und $p_o = 133$ N/m^2 = 1 Torr für
$d = 10^{-9}$ m (vgl. dazu [5], [1]) ergibt.

Zähigkeit:

Da über die Molekularkräfte des Ölmoleküls wenig bekannt ist und
insbesonders Werte für die Sutherland Konstante (vgl. dazu 1 , 2
und [20]) fehlen, wurde zur Berechnung der Zähigkeit die sich aus
der einfachen kinetischen Gastheorie ergebende Formel verwandt:

$$\eta = \frac{1}{3}\,\varrho\,\bar{c}\,\Lambda = \frac{1}{3}\,\varrho_o\,\bar{c}_o\,\Lambda_o\,\sqrt{\frac{T}{T_o}} = \eta_o\,\sqrt{\frac{T}{T_o}}$$

$$(2)$$

$$\eta_o = 8,7 \times 10^{-6}\ \text{kg m}^{-1}\text{s}^{-1}; \quad \bar{c} = \sqrt{\frac{8}{\pi}\frac{R}{M_o}\,T_o}$$

Reynoldszahl:

Entsprechend der Definition in 5 (5) wurde die Reynoldszahl aus

$$(3) \quad Re = \frac{\varrho W L}{\eta} \quad \text{bzw.} \quad Re = \frac{\varrho W d_H}{\eta}$$

$$\text{mit} \quad \varrho = \varrho_o\,\frac{p/p_o}{T/T_o} \quad ; \varrho_o = \frac{p_o}{\frac{R}{M_o}\,T}$$

berechnet.

Dabei bedeutet d_H den hydraulichen Durchmesser bzw. L die
Düsenlänge, gemessen von der engsten Stelle der Düse. Der
Unterschied zwischen beiden Rynolds-Zahlen ist im Rahmen
der beabsichtigten Abschätzung belanglos.

Stoßzahl:
____

Für die in 5 (3) definierte Stoßzahl gilt:

$$(4) \qquad Z = \frac{\bar{c}_o}{\Lambda_o c_k} \quad \frac{\sqrt{\frac{T}{T_o}}}{M^*} \quad \frac{\Delta L}{\Delta(T/T_o)}$$

Knudsen-Zahl:
____

Die Knudsen-Zahl Kn wurde berechnet aus:

$$(5) \qquad Kn = \frac{\Lambda}{d_s} = \frac{\Lambda_o}{d_s} \quad \frac{\frac{T}{T_o}}{\frac{p}{p_o}} \quad ; \quad d_s = \text{Strahldurchmesser}$$

In Tab. 1 sind alle interessierenden Größen eingetragen. Wie man
sieht, liegen die mittleren Knudsen-Zahlen bei etwa 3×10^{-2}, wobei zu berücksichtigen ist, daß die von uns definierte Knudsen-
Zahl die größte aller möglichen Knudsen-Zahlen liefert [x]. Da
auch die Stoßzahl Z weit über 100 ist, dürfte außerhalb der Grenzschicht isentrope Kontinuumsströmung vorliegen.

Die Grenzschichtdicke liegt nach unserer Abschätzung in der Größenordnung einiger freien Weglängen. Es herrscht also Gleitströmung.
Insgesamt sollte aber die Grenzschicht nach unserer Abschätzung
die in Abb. 13 dargestellte rein isentrope Strömung nicht allzu
wesentlich beeinflussen. Trotzdem wird natürlich die Grenzschicht-
abschätzung die größten Fehlermöglichkeiten beinhalten.

____

[x] Wird z.B. statt d_s der hydrauliche Durchmesser verwendet,
    verkleinert sich die Knudsen-Zahl um den Faktor 2

$$\text{T A B E L L E \quad I}$$

Netzpunkte	M^*	M	p/p_O	T/T_O	Λ (m)	$L \approx d_s$ (m)	Kn	Re	$\delta = \dfrac{L}{\sqrt{Re}}$ (m)	Z
1 bis 55	1	1	0,58	0,96	$1,97 \times 10^{-5}$	10^{-3}	$1,94 \times 10^{-2}$			
15 bis 18	1,46	1,51	0,3	0,9	$3,5 \times 10^{-5}$	$1,3 \times 10^{-3}$	$2,78 \times 10^{-2}$	83	$1,4 \times 10^{-4}$	152
19 bis 23	1,57	1,62	0,25	0,885	$4,1 \times 10^{-5}$	$1,4 \times 10^{-3}$	$2,95 \times 10^{-2}$	83	$1,6 \times 10^{-4}$	268
24 bis 27	1,67	1,75	0,2	0,87	$5,1 \times 10^{-5}$	$1,6 \times 10^{-3}$	$3,16 \times 10^{-2}$	83	$1,8 \times 10^{-4}$	300
28 bis 32	1,76	1,86	0,17	0,85	$5,85 \times 10^{-5}$	$2 \ \times 10^{-3}$	$2,85 \times 10^{-2}$	95	$2 \ \times 10^{-4}$	300
33 bis 36	1,85	1,97	0,14	0,84	$7 \ \times 10^{-5}$	$2,3 \times 10^{-3}$	$3,15 \times 10^{-2}$	96	$2,4 \times 10^{-4}$	465
37 bis 41	1,95	2,1	0,11	0,82	$8,7 \times 10^{-5}$	$2,7 \times 10^{-3}$	$3,25 \times 10^{-2}$	97	$2,7 \times 10^{-4}$	258
42 bis 45	2,04	2,24	0,088	0,795	$1,06 \times 10^{-4}$	$3,4 \times 10^{-3}$	$3,18 \times 10^{-2}$	100	$3,3 \times 10^{-4}$	186
46 bis 50	2,11	2,32	0,073	0,78	$1,25 \times 10^{-4}$	$4 \ \times 10^{-3}$	$3,14 \times 10^{-2}$	110	$4 \ \times 10^{-4}$	272
51 bis 54	2,2	2,45	0,056	0,76	$1,59 \times 10^{-4}$	$5 \ \times 10^{-3}$	$3,28 \times 10^{-2}$	115	$5 \ \times 10^{-4}$	186
55 bis 59	2,32	2,62	0,038	0,74	$2,34 \times 10^{-4}$	$6,5 \times 10^{-3}$	$3,74 \times 10^{-2}$	115	$6 \ \times 10^{-4}$	189
60 bis 63	2,37	2,7	0,032	0,73	$2,58 \times 10^{-4}$	$8 \ \times 10^{-3}$	$3,48 \times 10^{-2}$	120	$7,5 \times 10^{-4}$	356
64 bis 68	2,42	2,73	0,027	0,715	$3,1 \times 10^{-4}$	$1 \ \times 10^{-2}$	$3,18 \times 10^{-2}$	125	$9 \ \times 10^{-4}$	260
69 bis 72	2,53	2,96	0,018	0,69	$4,5 \times 10^{-4}$	$1,3 \times 10^{-2}$	$3,58 \times 10^{-2}$	130	$1,1 \times 10^{-3}$	130

7. Die Öldampfströmung außerhalb der Düse

Die Abb. 14, 15 und 16 zeigen den Verlauf der Strömung nach
den Charakteristikenverfahren außerhalb der Düse bei Ansaug-
drücken von 2×10^{-3} Torr, 4×10^{-3} Torr und $9,1 \times 10^{-3}$ Torr.
Ein Gegendruck wurde nicht berücksichtigt. Als Ausgangzustand
am Ende der Düse wurde der in Abb. 13 bestimmte benützt. Im
Gegensatz zu dort, wurde nur die ebene Näherung benützt und
statt der dort verwendeten Gitterpunktmethode, die dieser
äquivalenten und dem Problem besser angepasste Feldmethode
(vgl. z.B. [22]) verwendet.

Betrachtet man die Strömungsbilder, so stellt man zunächst
rein qualitativ fest, daß sie in der Lage sind, die Tatsache
zu erklären, warum das Saugvermögen von Öldiffusionspumpen bei
Rezipientendrücken über 10^{-3} Torr abfällt. Dadurch, daß der
Dampfstrahl mit steigendem Rezipientendruck immer weiter von
der Pumpenwand zurückgedrängt wird, verliert die oberste Düse
immer mehr an Wirksamkeit.

Bei kritischer Untersuchung der Strömungsbilder ergeben sich
folgende Schlüsse:

An der Strahlgrenze verlangt die Kontinuumstheorie der Gasdynamik eine außerordentlich starke Expansion innerhalb ganz
kurzer Wegstrecken. Die Strömungsbilder werden nur dann ein
auch qualitativ einigermaßen richtiges Bild der Strömung ergeben, wenn auf dem Weg längs dieser Expansion genügend Stöße
stattfinden. Da der Strahlweg bis zur Pumpenwand in dem betrachteten Beispiel etwa 14 cm beträgt, müssen auf etwa 10 %
dieses Weges genügend Stöße stattfinden. Für $p = 2 \times 10^{-3}$ Torr
($p_o = 1$ Torr) liefert das Kriterium 5 (3) dafür, wie man leicht
nachrechnet:

(1) $Z \approx 10$ Stöße

Bis zu einem Rezipientendruck von etwa 10^{-3} Torr ist daher zu
erwarten, daß die Strömungsbilder der Kontinuumstheorie in der
Nähe der Strahlgrenze ein auch quantitativ einigermaßen richtiges

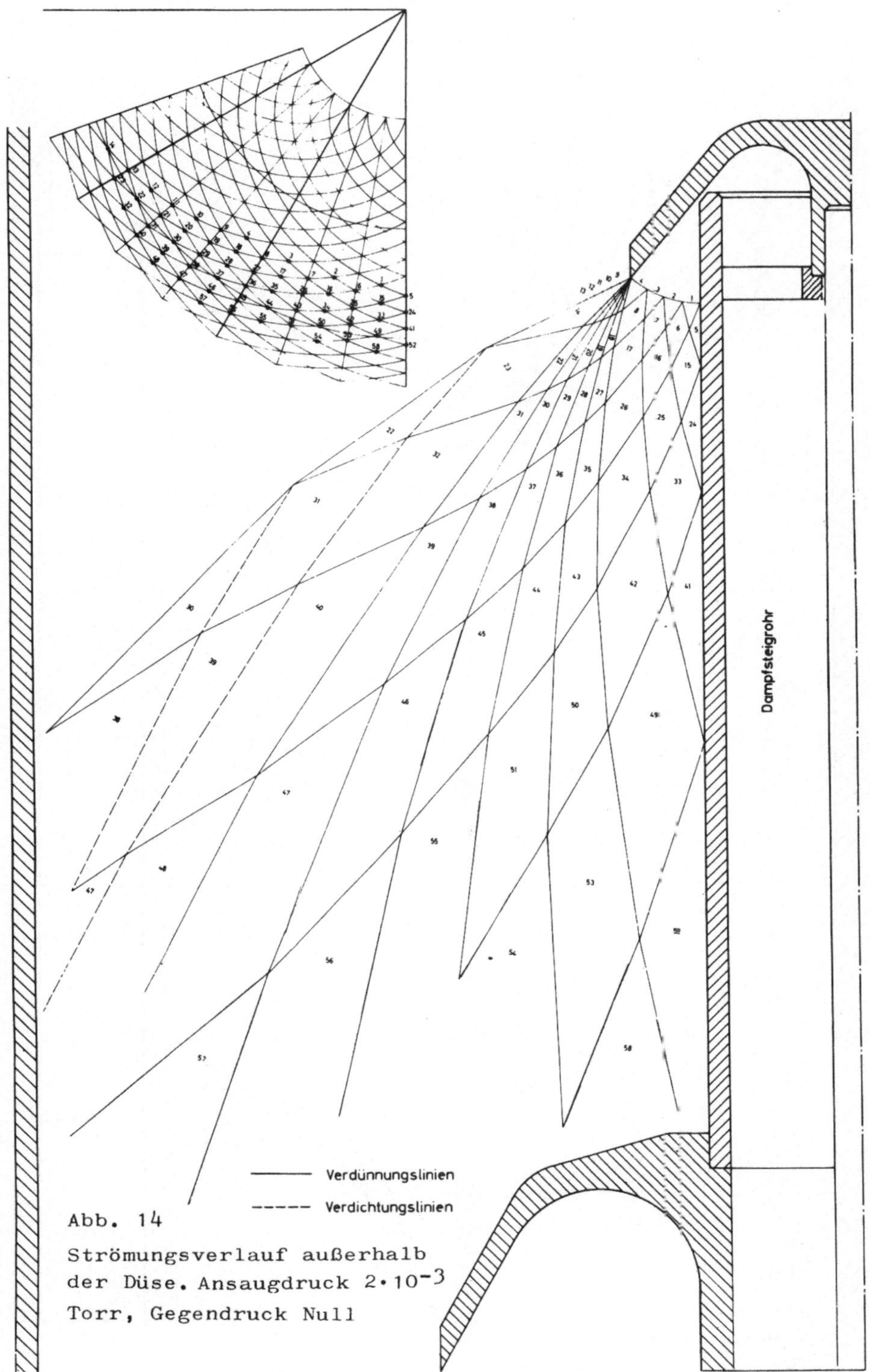

Abb. 14

Strömungsverlauf außerhalb der Düse. Ansaugdruck $2 \cdot 10^{-3}$ Torr, Gegendruck Null

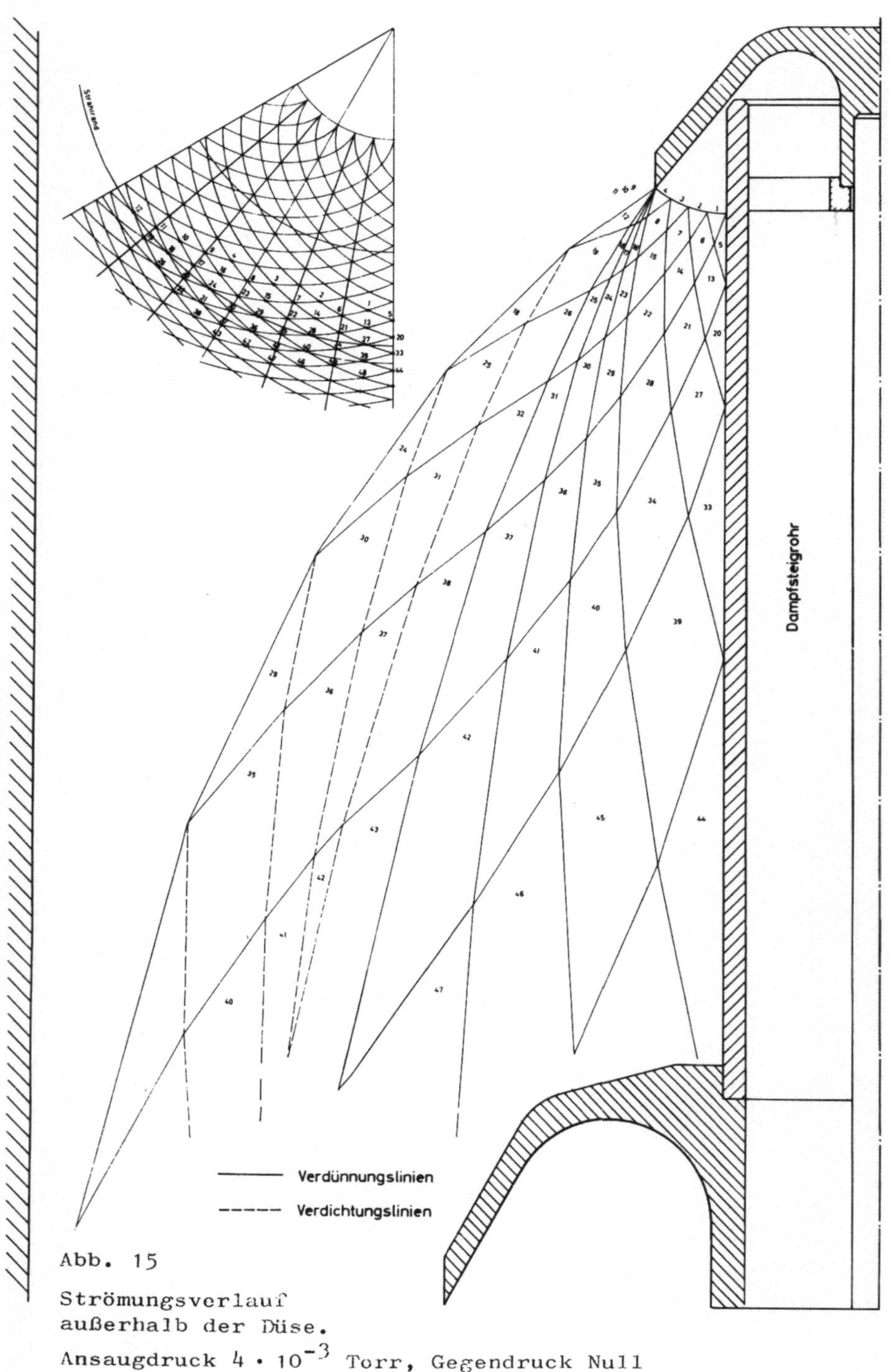

Abb. 15

Strömungsverlauf
außerhalb der Düse.

Ansaugdruck $4 \cdot 10^{-3}$ Torr, Gegendruck Null

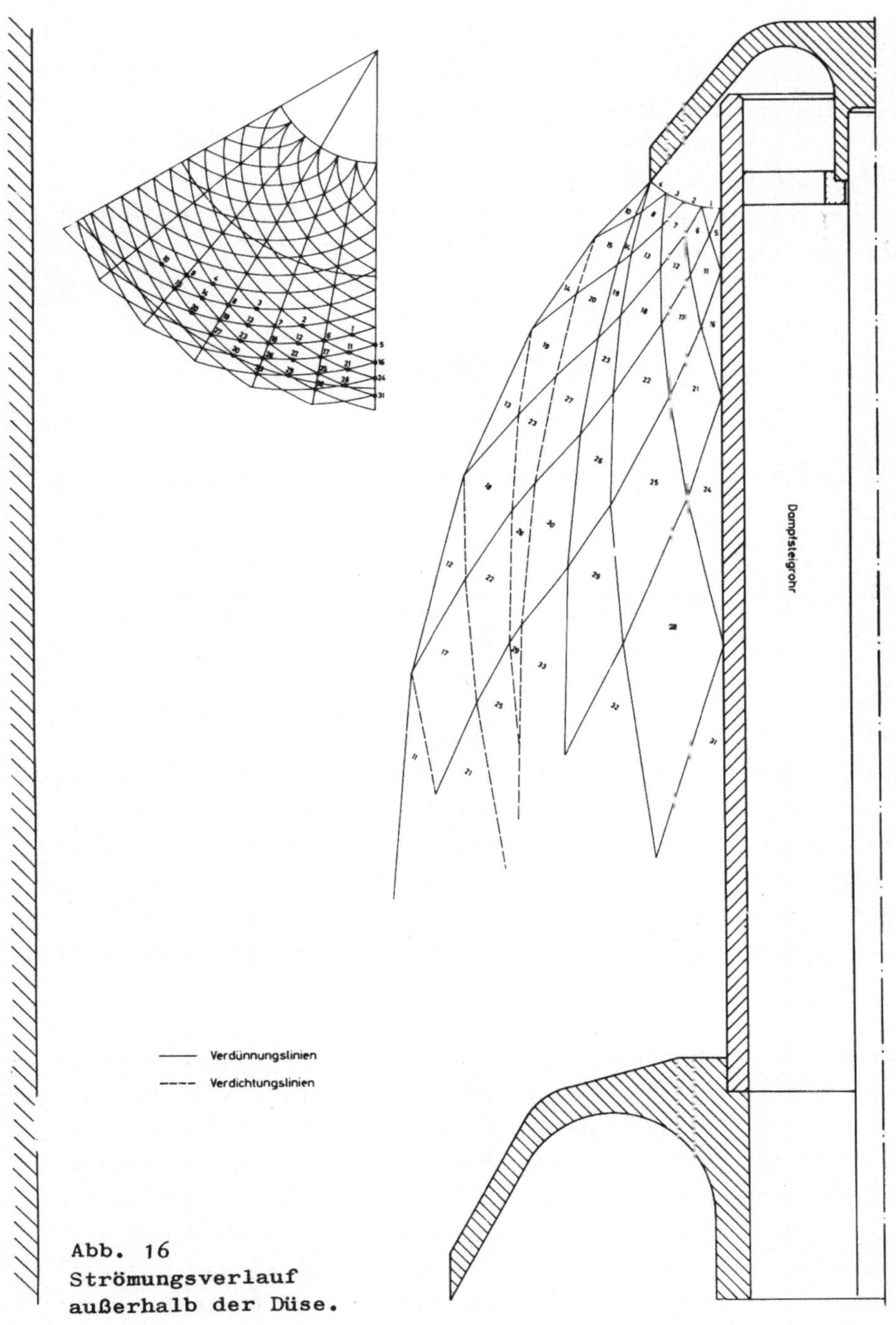

Abb. 16
Strömungsverlauf
außerhalb der Düse.

Ansaugdruck 9,1 · 10^{-3} Torr, Gegendruck Null

Bild liefern. Bei Rezipientendrücken unter etwa 10^{-3} Torr könnte
man erwarten, daß eine weitere Expansion unter Strahlaufweitung
mit eingefrorenen Freiheitsgraden stattfindet, wobei sich die Ölmoleküle wie ein einatomiges Gas benehmen. Dabei nimmt aber Druck,
Dichte und Temperatur so stark ab, daß man wahrscheinlich von
diesem "Dampfsaum" für viele Zwecke in erster Näherung absehen kann.
Man kann dies leicht abschätzen. Es ist nämlich:

$$\text{Bei} \quad p = 2 \times 10^{-3} \text{ Torr}$$

$$(2) \qquad M^* = 3; \quad W = c_K M = 300 \text{ m/s}$$

Die Gesamtstoßzahl Z_g längs der etwa 14 cm langen Strahlgrenze ist
also:

$$(3) \qquad Z_g = \frac{\bar{c}}{\Lambda} \frac{L_s}{W} = \frac{\bar{c}_0}{\Lambda_0} \frac{\frac{p}{p_0}}{\frac{T}{T_0}} \frac{L_s}{W} = \frac{154}{1,17 \times 10^{-5}} \frac{2 \times 10^{-3}}{0,57} \frac{1,4 \times 10^{-1}}{300} = 16,5$$

Bei einem Strahldruck in der Gegend von 10^{-4} Torr findet längs
des Strahlweges nur noch etwa 1 Stoß statt. Es erscheint deshalb
die Annahme gerechtfertigt, daß bei Rezipientendrücken unter
10^{-3} Torr sich am Strahlrand nichts wesentliches mehr gegenüber
dem Zustand bei etwa 10^{-3} Torr ändern wird. Denn infolge der geringen Stoßzahlen, die dann am Strahlrand auftreten, scheint eine
Expansionsströmung für Drücke unter 10^{-3} Torr nicht mehr möglich
zu sein.

Längs der Strahlgrenze treten nach der gasdynamischen Rechnung
neben Verdünnungslinien auch Verdichtungslinien auf, die zusammenlaufen. Bekanntlich treten (vgl. z.B. [22]) beim Zusammenlaufen
von Verdichtungslinien Verdichtungsstöße auf. Verdichtungsstöße
sollten auch beim Auftreten des Öldampfstrahles auf die wassergekühlte Pumpenwand auftreten. Die durch den Stoß abgebremsten Ölmoleküle dürften aber bei den kleinen Dichten so wirkungsvoll
kondensiert werden, daß ein wesentlicher Einfluß auf den Strahl
unwahrscheinlich ist. Von einer Berücksichtigung dieser an de
Wand auftretenden Verdichtungsstöße wurde daher abgesehen.

Das Strömungsbild im übrigen Strahl wird mit erheblichen Fehlern
behaftet sein. Einmal ist längs des Dampfsteigrohres mit einer erheblichen Zunahme der Grenzschichtdicke zu rechnen. Es nimmt nämlich nicht nur die angeströmte Plattenlänge L erheblich zu, sondern
auch infolge der Verkleinerung der Dichte die Reynold-Zahl beträchtlich ab, was zu einer erheblichen Grenzschichtvergrößerung
führt. Außerdem ergibt sich eine Expansion unter den Druck an der
Strahlgrenze, was, wie oben erläutert, unwahrscheinlich ist.

Ein Gegendruck wurde in Abb. 14 bis 16 aus folgendem Grund nicht
berücksichtigt: Bei der Kondensation des Öldampfes sollte es möglich sein, daß die vom Dampfstrahl abgepumpte Luft (bzw. andere
Gase) durch Absorption von der Flüssigkeit aufgenommen wird und
mit dem an der wassergekühlten Pumpenwand herabfließendem Ölfilm
herabfließt. Beim Wiedererwärmen des Öles im Ölsee oder an der Öl-
entgasungsstrecke wird die Luft wieder frei und von der Vorpumpe ab-
gesaugt. Die der Hochvakuumdüse nachfolgenden Düsen 2 bis 4
(Abb. 1b) hätten in diesem Falle nur die Aufgabe, die Vorvakuumbeständigkeit sicherzustellen. Wenn diese Vorstellung richtig
wäre, dürfte sich die Kurve für das Saugvermögen nicht ändern.
wenn bei ausreichender Vorpumpkapazität bzw. hinreichend kleinem
Vorvakuumdruck die mittleren Düsen 2 und 3 (Abb. 1b) verschlossen
werden. Abb. 17 zeigt die Meßergebnisse mit einer Vorpumpkapazität von etwa 450 l/s. Ist nur die Düse 2 verschlossen (Kurve II),
so hört die Pumpwirkung bei etwa 3×10^{-3} Torr auf. Sind die
Düsen 2 und 3 verschlossen (Kurve III), so hört die Pumpwirkung
schon bei einem Druck von etwa 10^{-4} Torr auf, d.h. aber, daß die
oben entwickelten Vorstellungen falsch sind.

In Abb. 18, 19 und 20 sind die Strömungsbilder nach dem gleichen
Verfahren wie in Abb. 14 bis 16 für den Ausgangsdruck von
2×10^{-3} Torr und Gegendrücke von 8×10^{-3} Torr, $1,3 \times 10^{-2}$ Torr
und 2×10^{-2} Torr dargestellt. Wie man sieht, wird die Zahl der
zusammenlaufenden Verdichtungslinien bei steigendem Gegendruck
im Strahl immer größer. Dadurch wird sich im Strahl bei höheren
Gegendrücken ein System von starken Verdichtungsstößen bilden.
Wie später gezeigt wird, werden die abzupumpenden Gasmoleküle vom
Dampfstrahl schon nach einem Stoß praktisch auf Strahlgeschwindigkeit beschleunigt und dadurch in Richtung Vorvakuum befördert. Beim

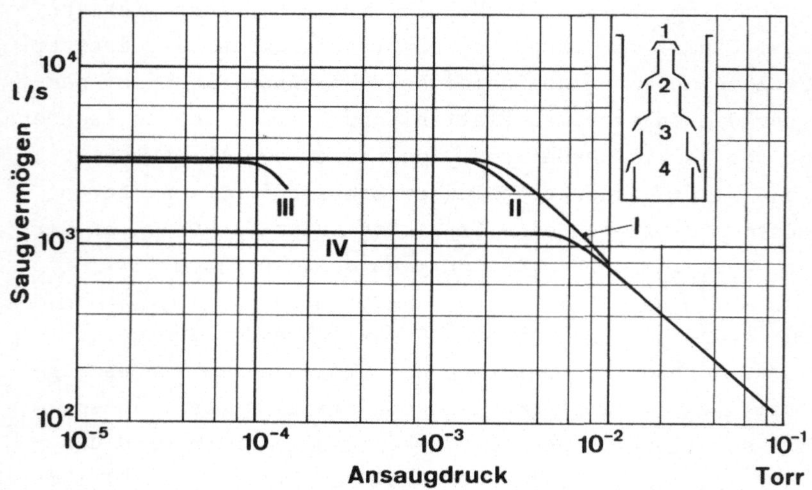

Abb. 17   Saugvermögen einer 4-stufigen Diffusionspumpe
          der Saugöffnung 250 mm.

Kurve I: Alle Düsen in Betrieb.
Kurve II: Düse 2 verschlossen.
Kurve III: Düsen 2 und 3 verschlossen.
Kurve IV: Düse 1 verschlossen.

starken Verdichtungsstoß wird die Strahlgeschwindigkeit auf
Unterschallgeschwindigkeit abgebremst. Dadurch verlieren auch die
vom Dampfstrahl mitgeführten Gasemoleküle weitgehend ihre Vorzugs-
geschwindigkeit, wodurch eine ganz wesentliche Beeinträchtigung
der Pumpwirkung verständlich ist. Der Verlauf der Kurven des Saugvermögens in Abb. 17 wird dadurch erklärlich: Sobald die der Hochvakuumdüse nachgeschalteten Düsen keinen ausreichend kleinen Gegendruck erzeugen, hört die Pumpwirkung der ersten Stufe auf. Da der
Gegendruck p_g durch die Beziehung

$$S_1 = \text{Saugvermögen der Hochvakuumdüse}$$

$$(4) \quad p_g = \frac{S_1}{S_N}\, p_1\, ; \qquad S_N = \text{Saugvermögen der nachgeschalteten Düsen}$$

$$p_1 = \text{Ansaugdruck}$$

48

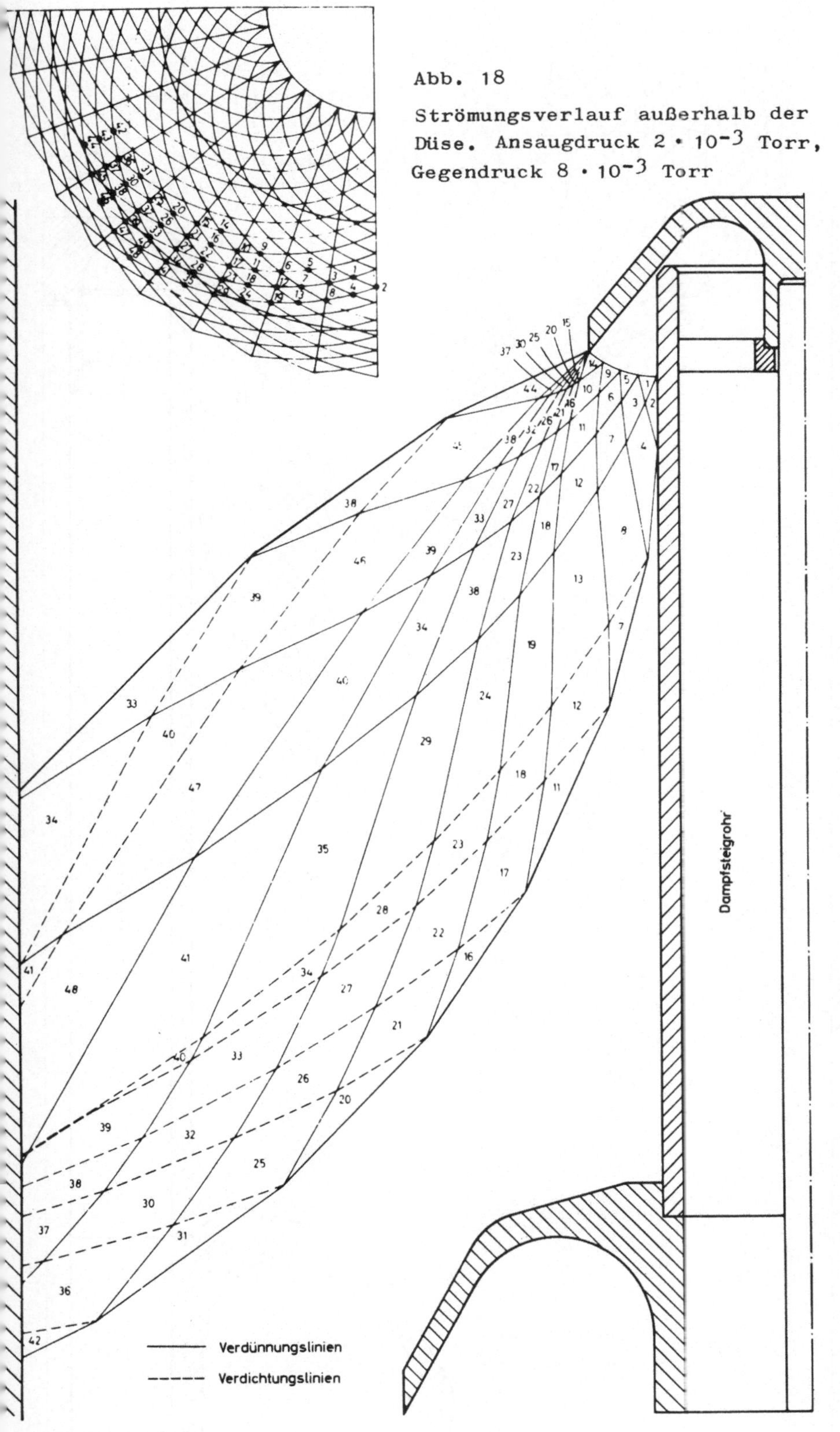

Abb. 18
Strömungsverlauf außerhalb der Düse. Ansaugdruck $2 \cdot 10^{-3}$ Torr, Gegendruck $8 \cdot 10^{-3}$ Torr
Dampfsteigrohr
Verdünnungslinien
Verdichtungslinien

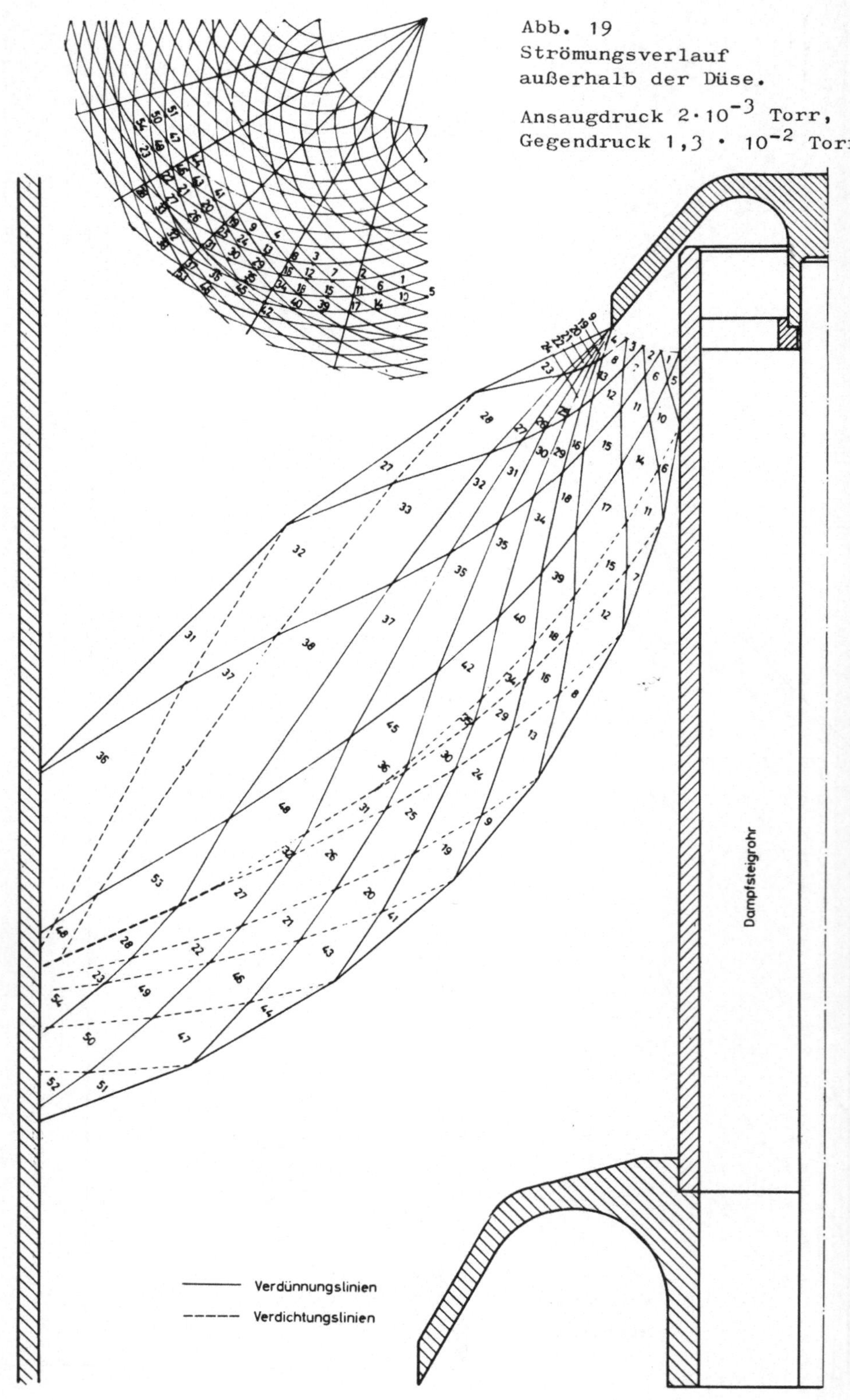

Abb. 19
Strömungsverlauf
außerhalb der Düse.
Ansaugdruck $2 \cdot 10^{-3}$ Torr,
Gegendruck $1,3 \cdot 10^{-2}$ Torr
Dampfsteigrohr
Verdünnungslinien
Verdichtungslinien

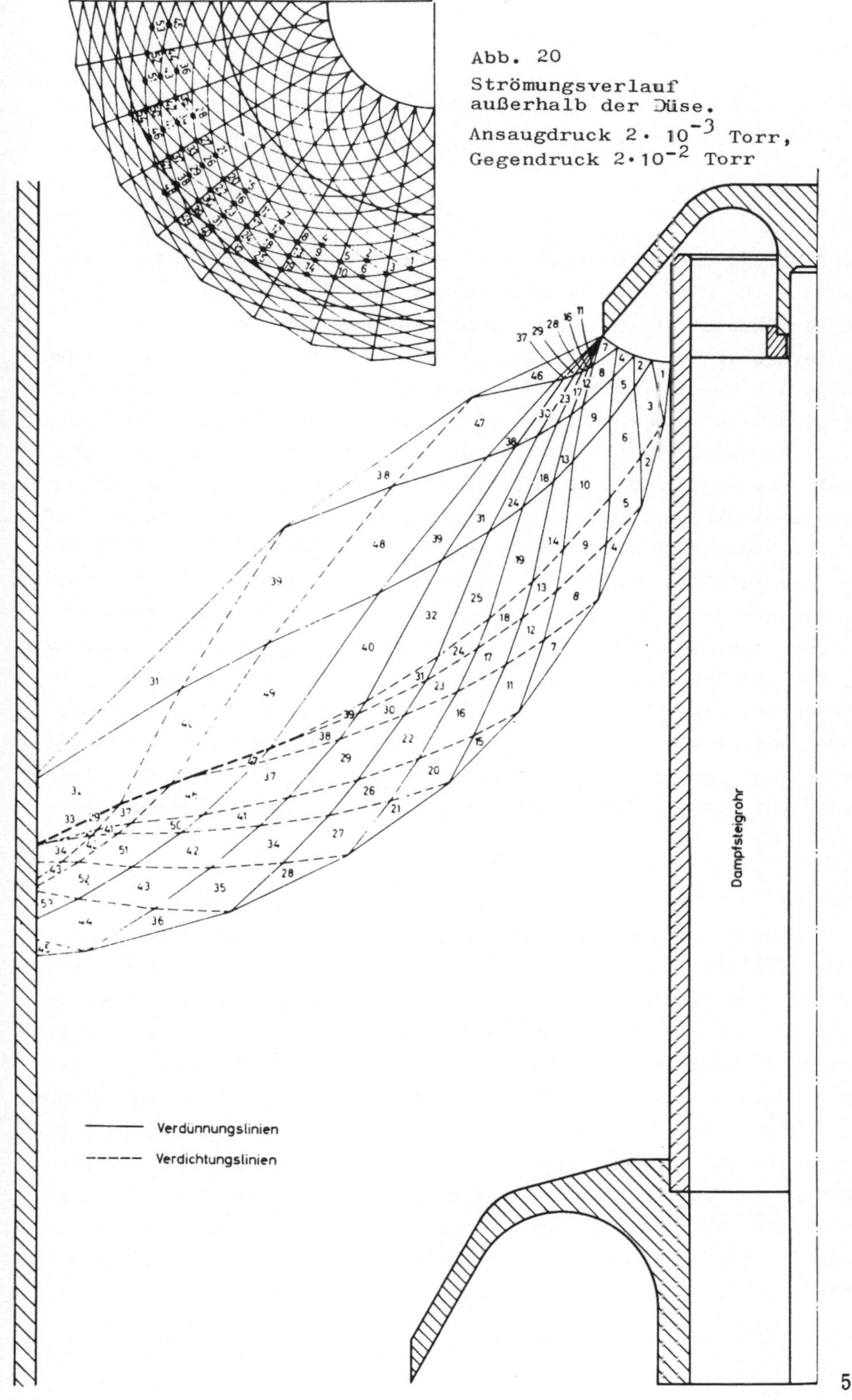

Abb. 20
Strömungsverlauf außerhalb der Düse.
Ansaugdruck $2 \cdot 10^{-3}$ Torr,
Gegendruck $2 \cdot 10^{-2}$ Torr

bestimmt wird, ist das immer dann der Fall, wenn mit steigendem
Ansaugdruck p_1 das Saugvermögen S_N der nachgeschalteten Düsen zu
klein ist.

Abb. 21 zeigt den Strömungsverlauf außerhalb der Düse beim Ansaugdruck 8×10^{-3} Torr und Gegendruck 8×10^{-3} Torr. Wie man sieht,
wird der Dampfstrahl durch den hohen Ansaugdruck von der Pumpen-
wand ferngehalten. Im Gegensatz zu Abb. 16, die für einen ähnlichen
Ansaugdruck aber Gegendruck Null erstellt wurde, löst sich der
Dampfstrahl vom Dampfsteigrohr ab. Im Strahl tritt eine Einschürung
auf, in der sich ein Stoßsystem ausbildet. Dadurch werden die vom
Strahl ursprünglich mit Überschallgeschwindigkeit mitgeführten Gasmoleküle wieder abgebremst, wodurch die Pumpwirkung der ersten Stufe
zunächst beeinträchtigt wird und bei höheren Ansaugdrücken schließ-
lich ganz aufhört. Wenn die Strahlbeschreibung durch Abb. 21 richtig
ist, müßte eine Diffusionspumpe auch bei höheren Ansaugdrücken als
10^{-3} Torr arbeiten, wenn der Abstand von Düse zu Wand verkleinert wird.
Dies ist tatsächlich der Fall. Abb. 17 (Kurve IV) zeigt das Saug-
vermögen bei verschlossener Düse 1, Düse 2, die in diesem Fall als
Hochvakuumdüse wirkt, hat etwa das gleiche Expansionsverhältnis wie
Düse 1, aber der Abstand von Düse zu Pumpenwand ist erheblich kleiner.
Tatsächlich ist das Saugvermögen bis etwa 5×10^{-3} Torr konstant.

Zusammenfassend und vereinfachend kann man also folgendes sagen:
Die Anwendung von aus der Gasdynamik bekannten Methoden liefert
Strömungsbilder, die es gestatten, das Verhalten der Diffusionspumpe
im großen und ganzen zu verstehen. Es möge aber dahingestellt bleiben, ob es nicht auch andere Beschreibungsmethoden mit Hilfe der gasdynamischen Theorie gibt, die das Verhalten der Diffusionspumpe erklären. Beispielsweise könnte man ausgehend von den Strömungsbildern
Abb. 14, 15 und 16 die Strömung in ihrem Verlauf um die zweite Düse
weiterverfolgen. Vor der zweiten Düse würde dann ein schräger Verdichtungsstoß auftreten und die Strömung um die Düse abgelenkt werden. Es ist möglich, daß auch solche Strömungsbilder das Unwirksam-
werden der ersten Stufe bei Drücken über 10^{-3} Torr erklären können.
Es scheint mir aber

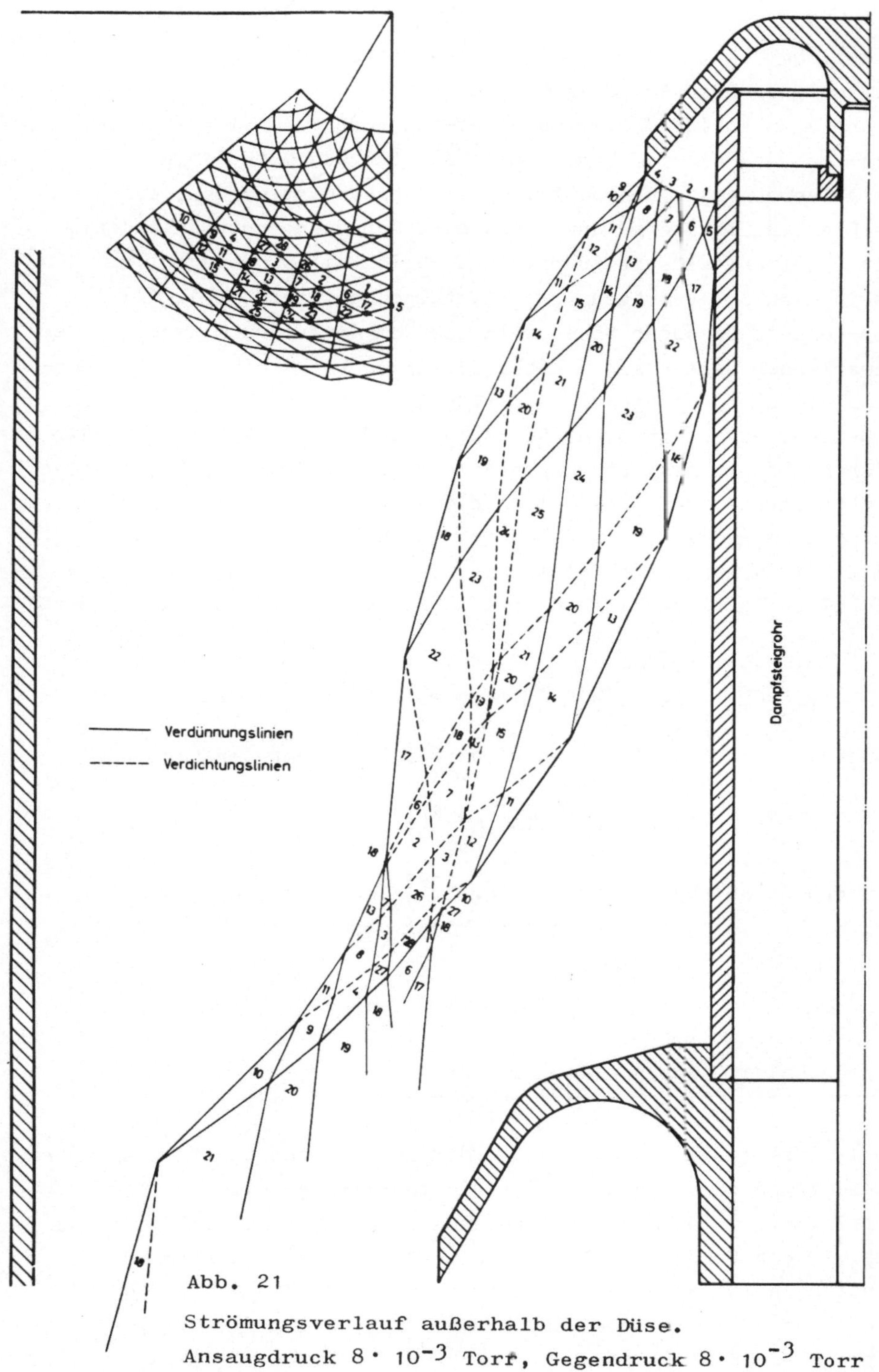

Abb. 21

Strömungsverlauf außerhalb der Düse.
Ansaugdruck $8 \cdot 10^{-3}$ Torr, Gegendruck $8 \cdot 10^{-3}$ Torr

nicht möglich zu sein, damit das Verhalten der Pumpe bei verschlossener Düse 2 und insbesonders bei verschlossener Düse
2 und 3 zu erklären bzw. zu verstehen. Man kann sich auch vorstellen, daß die vom Strahl mitgeführten Gasmoleküle in der
Strahlverengung von Abb. 21, wo sie abgebremst werden, auf die
rechte Strahlseite gelangen und dort den Gegendruck aufbauen,
der zu Strahlablösung führt. In Wirklichkeit wird wegen des
geringeren Saugvermögens der nachfolgenden Stufen (Gl. (4))
der Gegendruck sogar höher sein als der Ansaugdruck, wodurch der
Strahl noch weiter als in Abb. 21 eingeschnürt wird. Da mir deshalb die oben durchgeführte Erklärung zwingender als andere er-
scheinen, wurde von einer Behandlung anderer zunächst grundsätzlich möglicher Beschreibungen abgesehen. Übrigens wird bei allen
denkbaren Beschreibungsmöglichkeiten die hochvakuumseitige Strahl-
begrenzung - die uns im Folgenden ausschließlich interessieren
wird - im wesentlichen gleich sein. Entsprechend den hier entwickelten Strömungsbildern wird im Folgendem mit den Mittelwerten

$$M^* = 3; \quad W = 300 \text{ m/s}; \quad \alpha_s = 50^\circ; \quad T = 285^\circ \text{ K};$$

(5) $$p = 2 \times 10^{-3} \text{ Torr} \quad (\text{Dampfdruck an der Strahlgrenze})$$

$$T_0 = 500^\circ \text{K}; \quad p_0 = 133 \text{ N/m}^2 (= 1 \text{ Torr})$$

für den Strahl bei Drücken unter 10^{-3} Torr gerechnet, wobei α_s
den Winkel zwischen Strömungsrichtung und Pumpenachse bedeutet.

8. Die Ölrückströmung aus dem Dampfstrahl

Abb. 22 zeigt das molekulare Bild einer isentropen Strömung. Der
Kollektivgeschwindigkeit $\vec{W}$ ist die thermische Geschwindigkeit $\vec{V}$
überlagert. $\vec{v}$ ist die resultierende Geschwindigkeit. Legt man in
Abb. 22 ein Koordinatensystem so, daß der rechte Plattrand in
Richtung Pumpenachse zeigt, so kann man sich an-
schaulich leicht klarmachen, daß nur solche Ölmoleküle zur
Ölrückströmung beitragen, deren thermische Geschwindigkeit $\vec{V}$

54

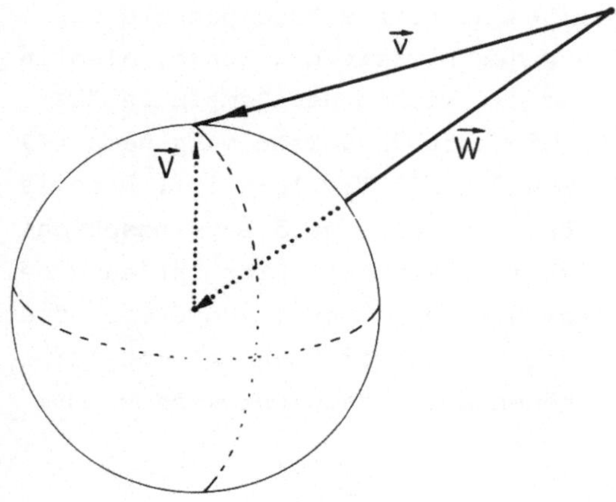

Abb. 22 Zusammensetzung der Geschwindigkeiten
          im Öldampfstrahl

nach Betrag und Richtung so beschaffen ist, daß die resultierende Geschwindigkeit $\vec{v}$ eine Geschwindigkeitskomponente
nach oben hat. Läßt man die positive x-Achse mit der Pumpenachse zusammenfallen und nach oben gerichtet sein, so ist
die Zahl der Moleküle, die pro Zeit- und Flächeneinheit den
Strahl nach oben verlassen bei Maxwell-Verteilung im Strahl:

$$(1) \quad n\left(\frac{\beta}{2\pi}\right)^{3/2} \int_{-\infty}^{+\infty}\int_{-\infty}^{+\infty}\left\{\int_{0}^{+\infty} v_x\, e^{-\frac{\beta}{2}(\vec{v}-\vec{w})^2}\, dv_x\right\} dv_y\, dv_z$$

$$= \frac{n}{4}\sqrt{\frac{8}{\pi\beta}}\left\{e^{-\frac{\beta}{2}w_1^2} + w_1\sqrt{\frac{\pi\beta}{2}}\left(1 + \emptyset\left(w_1\sqrt{\frac{\beta}{2}}\right)\right)\right\}$$

Durch Multiplikation mit der Molekülmasse μ folgt daraus
wegen $\varrho = \mu n$ für die Ölrückströmung:

$$(2) \quad I = \frac{\varrho}{4}\left[\sqrt{\frac{3}{\pi\beta}}\left\{e^{-\frac{\beta}{2}w_1^2} - \sqrt{\pi}\,|w_1|\sqrt{\frac{\beta}{2}}\left(1-\emptyset\left(w_1\sqrt{\frac{\beta}{2}}\right)\right)\right\}\right]$$

Hier bedeutet $W_1 = W \cos\alpha_s$ die Geschwindigkeitskomponente der
Dampfgeschwindigkeit in Richtung der negativen x-Achse, also in
Richtung Pumpenboden. ϱ bedeutet die Dichte der Dampfmoleküle
am"Strahlrand". Besonders groß wird die Ölrückströmung nach (2)
wenn die Dampfgeschwindigkeit W und damit W_1 klein ist. Dies is
insbesonders in der Nähe der Düse der Fall, wo die Grenzschicht
mit relativ kleiner Geschwindigkeit ausströmt. Dies ist auch der
Grund, warum ein wassergekühlter Hut, der über die oberste Düse
gestülpt wird, die Ölrückströmung beträchtlich vermindert [31].
Die in Richtung Rezipient abströmende Grenzschicht wird an ihm
kondensiert.

Die Ölrückströmung aus dem Dampfstrahl wird durch Gl. (2) beschrieben, wenn dort die Werte, die am Strahlrand herrschen,
eingetragen werden.

Nun erfaßt (2) nur die Moleküle, die nach unserem Bild eine
Geschwindigkeitskomponente nach oben haben und daher insgesamt
stark von der Maxwell-Verteilung abweichen.

Nach der Abschätzung 7 (3) finden längs des in 7 bestimmten gasdynamischen Strahlrandes größenordnungsmäßig 10 Stöße statt. Die
nach oben in Richtung Rezipient fliegenden Ölmoleküle der Ölrückströmung werden also auf ihrem Weg zum Rezipienten noch mit anderen
Ölmolekülen zusammenstoßen. Da bei einem Einzelstoß im wesentlichen die translatorischen Freiheitsgrade ausgetauscht werden,
verwandeln sich die Moleküle der Ölrückströmung schon nach praktisch einem Stoß wieder in Moleküle mit Maxwell-Verteilung. Als
Strahlgrenze für die Ölrückströmung kann man daher nach dieser
Betrachtung eine Fläche in der Pumpe ansehen, bei der die Ölmoleküle auf ihrem Weg von der Düse bis zur wassergekühlten Pumpenwand nur einmal zusammenstoßen; dies ist nach 7 (3) bei etwa
10^{-4} Torr "Strahldruck" der Fall. Als Temperatur wird nach dieser
Auffassung an der Strahlgrenze für die Ölrückströmung die Temperatur der gasdynamischen Strahlgrenze eingesetzt.

Nach einer schon in 7 angewandten Betrachtungsweise kann man im
dort eingeführten Dampfsaum den Dampfstrahl in erster Näherung
als Expansionsströmung einatomiger Gase ansehen. Die Expansionsströmung wird nach den Abschätzungen in 7 ebenfalls bis etwa

10^{-4} Torr Strahldruck gehen. Wegen der für einatomige Moleküle
an der gasdynamischen Strahlgrenze schon hohen Machzal M, nimmt
M^* und damit die Dampfgeschwindigkeit W bei dieser Expansion nicht
mehr wesentlich zu. Dagegen spreizt sich der Strahl weiter auf,
wodurch der Winkel α_s zunimmt und insgesamt $|W_1|$ also abnimmt.
Gleichzeitig nimmt aber die Temperatur T im Strahl nicht unerheb-
lich ab, wodurch ß zunimmt.

Es zeigt sich bei genauerer Abschätzung, daß der in der eckigen
Klammer von (2) stehende Ausdruck bei beiden Betrachtungsweisen
in etwa gleich bleibt.

Führt man in die eckige Klammer von (2) die sich aus 7 (5) ergebenden Werte ein und bestimmt ϱ aus der sich aus der idealen
Gasgleichung ergebenden Beziehung

$$\varrho = \varrho_0 \frac{p/p_o}{T/T_o}$$

wo für $p = 10^{-4}$ Torr und für $T/T_o = 0{,}57$ entsprechend 7 (5)
gesetzt wurde, so folgt:

$$(3) \qquad I = 2 \times 10^{-7} \ \frac{kg}{m^2 s} = 1{,}2 \times 10^{-6} \ \frac{gr}{cm^2 \, min}$$

Dieser Wert deckt sich gut mit experimentellen Ergebnissen, wobei zu berücksichtigen ist, daß einerseits genaue quantitative
Messungen bei den kleinen zurückströmenden Mengen recht schwierig
sind und wir andererseits alle Moleküle, die überhaupt von der
Strahlgrenze der Ölrückströmung nach oben fliegen, als zur Ölrückströmung beitragend gerechnet haben. Je nach Meßmethode
wurden Ölmoleküle der Ölrückströmung, deren Bahn nur eine sehr
schwache Neigung gegen die Pumpenhorizontale aufweisen, bei der
Messung überhaupt nicht oder nur zum Teil miterfaßt.

9. Das Saugvermögen

9.1 Geschwindigkeitsverteilung der Gasmoleküle im Dampfstrahl

Um das Saugvermögen einer Diffusionspumpe berechnen bzw. abschätzen zu können, muß man wissen, wie die Geschwindigkeitsverteilung der Gasmoleküle nach dem Zusammenstoß mit den Molekülen des Öldampfstromes ist. Zur Bestimmung dieser Geschwindigkeitsverteilung denken wir uns einen Beobachter, der im Dampfstrahl mit der Kollektivgeschwindigkeit $\vec{W}$ des Dampfes mitschwimmt.
Unser Beobachter wird von den Ölmolekülen nur die ungerichtete
thermische Bewegung mit Maxwell-Verteilung wahrnehmen. Dringen
nun Gasmoleküle aus dem Rezipienten in den Dampfstrahl ein, so
wird unser Beobachter feststellen, daß sie nach einigen Stößen
die Maxwell-Verteilung der Öldampfmoleküle angenommen haben.
Die Frage ist aber, wie viele Zusammenstöße sind dazu nötig?

Stellt man sich auf den Standpunkt, daß beim Stoß zwischen Gasmolekülen und Ölmolekülen nur translatorische Freiheitsgrade ausgetauscht werden, so werden die Gasmoleküle nach 5 (2) sehr rasch
die Maxwell-Verteilung der Öldampfmoleküle annehmen (Schon nach
zwei Stößen ist die Abweichung nur noch etwa 10 %). Eine von mir
durchgeführte Berechnung mit dem Modell starrelastischer Kugeln
zeigt, daß die Abweichung der Geschwindigkeitsverteilung der Gasmoleküle von der Maxwell-Verteilung der Ölmoleküle des Dampfstrahles schon nach einem Stoß klein ist. Abb. 23 und 24, die der
Arbeit [32] entnommen sind, zeigen die Geschwindigkeitsverteilung
von Stickstoff- und Wasserstoffmolekülen nach dem ersten Stoß, wie
sie ein mit der Dampfgeschwindigkeit $\vec{W}$ mitschwimmender Beobachter
wahrnimmt. Dabei wurden für den Dampfstrom die Werte von Gl. 7 (5)
verwendet.

$\gamma = 0$ bedeutet Geschwindigkeitsrichtung der thermischen Geschwindigkeit in Richtung der Strahlgeschwindigkeit $\vec{W}$, $\gamma = \pi$
bedeutet Geschwindigkeitsrichtung der thermischen Geschwindigkeit
in Gegenrichtung von $\vec{W}$.

Nach einer anderen Betrachtungsweise kann man sich die Ölmoleküle
als sehr groß gegen die Gasmoleküle vorstellen. Die Gasmoleküle

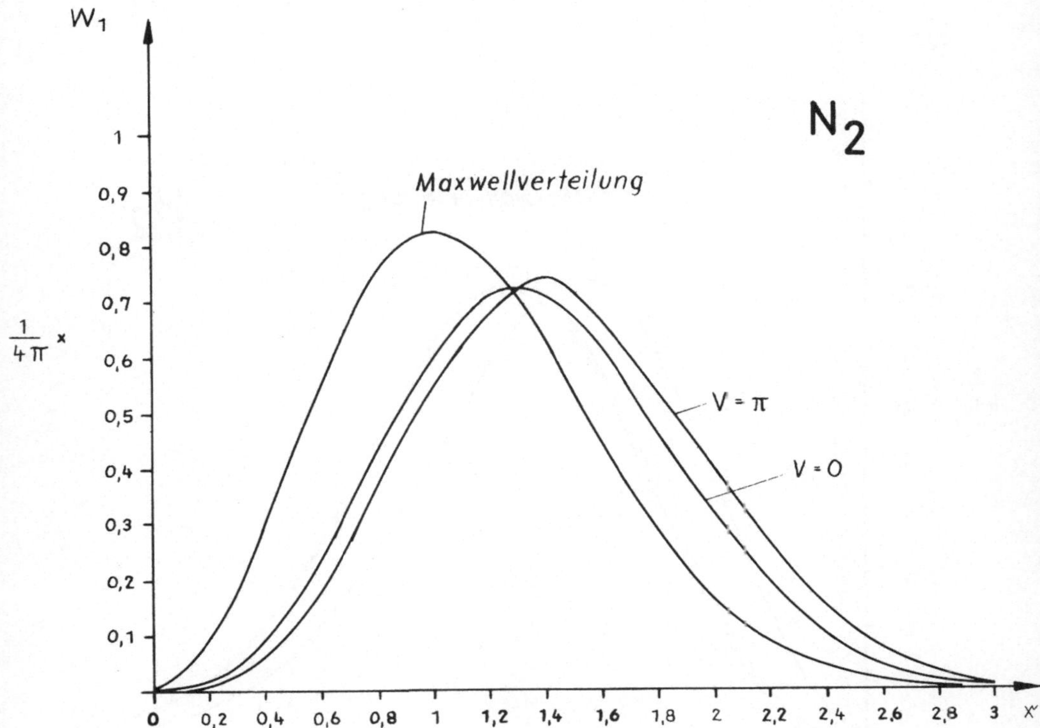

Abb. 23   Geschwindigkeitsverteilung von Stickstoffmolekülen nach dem
ersten Stoss mit dem Dampfstrahl, bezogen auf ein mit der
Dampfgeschwindigkeit W bewegtes Koordinatensystem.

treffen auf die z.B. als Stück "Wand" sich vorzustellenden Ölmoleküle, werden dort adsorbiert und desorbieren nach einer gewissen
Verweilzeit. Sind alle Akkommodationskoeffizienten 1, so werden
die Gasmoleküle nach dem Verlassen des Ölmoleküls im Mittel die
Temperatur des Ölmoleküls und dessen Kollektivgeschwindigkeit haben.

Da im Dampfstrahl bzw. an seinen dem Rezipienten zugewandten
Randschichten nach der Abschätzung in 7 (5) etwa Zimmertemperatur herrscht, können wir somit in erster Näherung annehmen:
Nach dem Stoß mit einem Dampfstrahlmolekül haben die Gasmoleküle eine Geschwindigkeitsverteilung, die einer Maxwell-Verteilung mit etwa Zimmertemperatur und der Kollektivgeschwindigkeit $\vec{W}$ des Dampfstrahles entspricht.

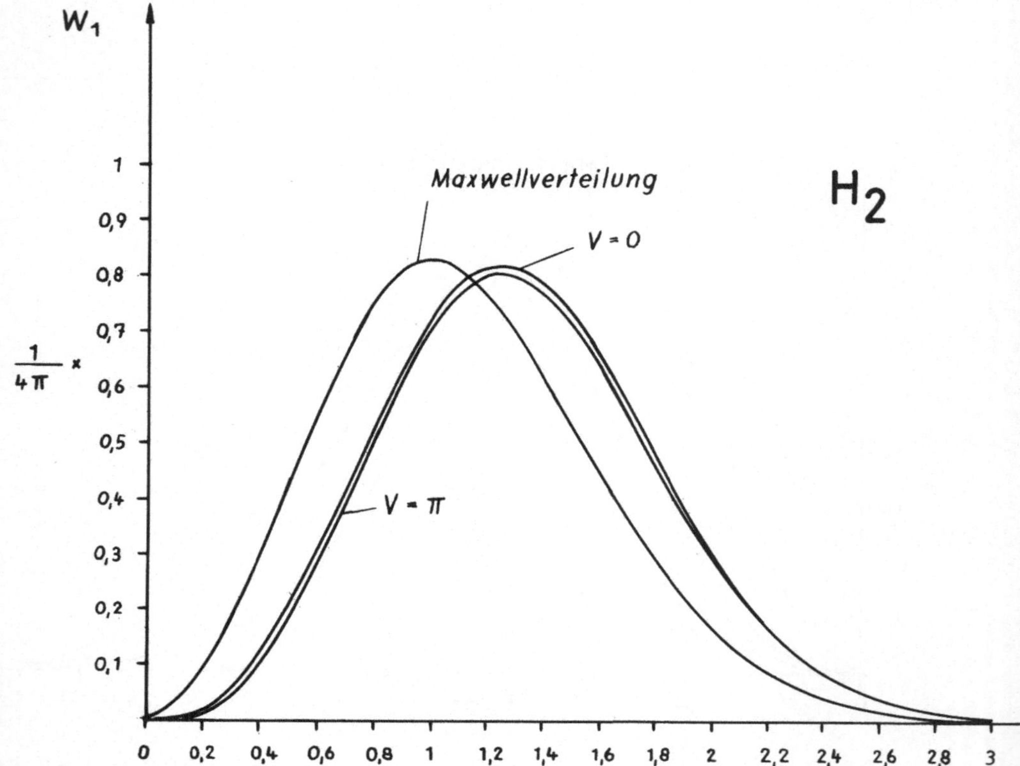

Abb. 24   Geschwindigkeitsverteilung von Wasserstoffmolekülen nach
dem ersten Stoß mit dem Dampfstrahl, bezogen auf ein mit
der Dampfgeschwindigkeit W bewegtes Koordinatensystem.

Von einer wesentlichen Beeinflussung des Öldampfstrahles durch
den Zusammenstoß der Ölmoleküle mit den Gasmolekülen können wir
absehen: Einerseits, weil im Normalfall die Dichte der Ölmoleküle wesentlich größer ist als die Dichte der Gasmoleküle, somit also zwischen den Ölmolekülen untereinander viel mehr Zusammenstöße als zwischen Öl- und Gasmolekülen stattfinden, wodurch
evtl. Abweichungen der ursprünglichen Geschwindigkeitsverteilung
rasch ausgeglichen werden; andererseits ist die Masse der Ölmoleküle im Vergleich zur Masse der Gasmoleküle groß, so daß die
durch den Stoß bedingten Abweichungen der ursprünglichen Maxwell-
Verteilung bei den Ölmolekülen auch beim Einzelstoß klein sind.

9.2. Eine Modellvorstellung

Um das Eindringen der Gasmoleküle in den Öldampfstrahl zu verstehen, sei modellmäßig angenommen, daß der Dampfstrahl aus
mehreren Molekülreihen besteht, die man sich etwa im Abstand einer
freien Weglänge denken kann. Der Dampfstrahl soll also sozusagen
aus Dampfscheiben im Abstand einer freien Weglänge bestehen. In
Abb. 25 sind die Dampfscheiben als waagerechte Striche symbolisch
dargestellt. Wir führen ein Koordinatensystem so ein, daß die
positive x-Achse mit der Pumpenachse zusammenfällt und in Richtung
Rezipient weist. Betrachten wir jetzt Gasmoleküle, die zu einem
bestimmten Zeitpunkt auf eine bestimmte Stelle des Öldampfstrahl-
randes auftreffen, so hat der Teil

$$\rho = \left(\frac{\beta}{2\pi}\right)^{3/2} \int_0^\infty \left\{ \int_{-\infty}^{+\infty} \int_{-\infty}^{+\infty} e^{-\frac{\beta}{2}(\vec{v}-\vec{W})^2} \, dv_y \, dv_z \right\} dv_x$$

$$(1) \qquad = \frac{1}{2}\left\{ 1 - \emptyset\left(W_1 \sqrt{\frac{\beta}{2}}\right)\right\}$$

der Gasemoleküle nach dem Stoß I eine Geschwindigkeitskomponente
nach oben, wird also sozusagen am Dampfstrahlrand reflektiert und
kehrt in den Rezipienten zurück.

Der Teil

$$(2) \qquad \lambda = 1 - \rho$$

der Gasemoleküle wird sozusagen nach unten reflektiert, bleibt im
Einflußbereich des Strahles und stößt beim Stoß II mit der zweiten
Dampfscheibe zusammen. An ihr wird der Teil $\lambda/2$ nach oben und der
Teil $\lambda/2$ nach unter reflektiert.

Von dem nach oben reflektierten Teil $\lambda/2$ wird beim Stoß III an
der Strahlgrenze (oberste Dampfscheibe) der Teil $\rho\lambda/2$ nach oben
reflektiert und kehrt damit in den Rezipienten zurück. Der Teil
$\lambda^2/2$ wird nach unten in den Strahl reflektiert.

Von dem beim Stoß II nach unter reflektierten Teil $\lambda/2$ wird beim
Stoß III an der dritten Dampfscheibe der Teil $\lambda/2^2$ nach oben und
der Teil $\lambda/2^2$ nach unten reflektiert.

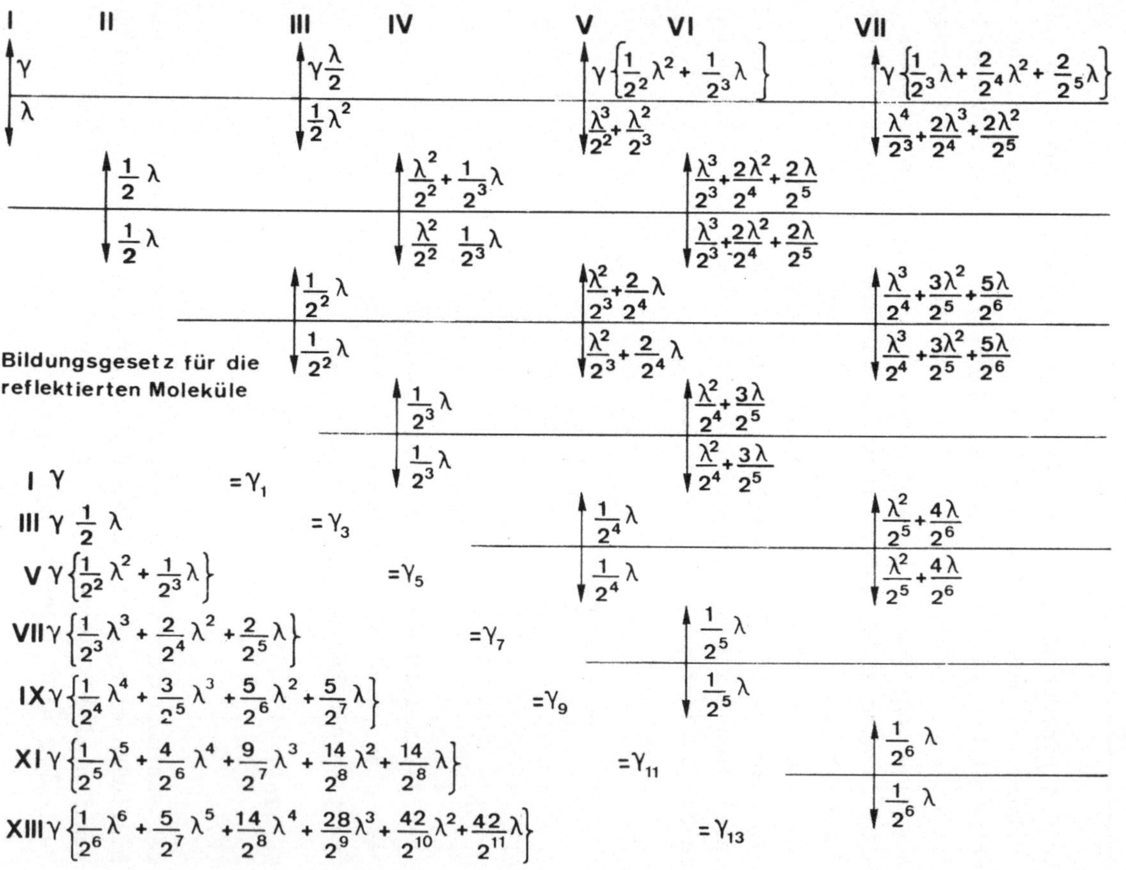

Abb. 25   Modell des Eindringens von Gasmolekülen
in den Dampfstrahl

Das allmähliche Eindringen der Gasmoleküle in den Dampfstrahl veranschaulicht Abb. 25. Man sieht an dieser Modellvorstellung zweierlei:

a) Das Eindringen der Gasmoleküle in den Dampfstrahl geht nur sehr allmählich vor sich und es sind für die Durchmischung der Gasmoleküle mit dem Dampfstrahl viele Stöße nötig.

b) Ein Teil der Gasmoleküle gelangt im Strömungsverlauf wieder an die Strahloberfläche und wird von dort wieder in Richtung Rezipient vom Strahlrand reflektiert.

Die mittlere freie Weglänge in einem Gasgemisch bzw. in dem hier betrachteten Öldampf-Gasgemisch beträgt (vgl. dazu z.B. [33] S. 252)

$$(3) \quad \Lambda = \frac{1}{\pi n_{öl}\, d_{12}^{2}\sqrt{\dfrac{Mo_{gas} + Mo_{öl}}{M_{öl}}}} = \frac{K_B\, T}{\pi P_{öl}\, d_{12}^{2}\sqrt{\dfrac{Mo_{gas} - Mo_{öl}}{Mo_{öl}}}}$$

$$d_{12} = \frac{1}{2}\,(d_{öl} + d_{gas})$$

Mit den Werten aus 7 (5) für den Öldampfstrahl und den Moleküldurchmessern der üblichsten Gase (vgl. dazu [1] oder [5]) erhält man daraus

$$(3a) \quad \Lambda \approx 10^{-2}\ m$$

Die mittlere Zeit $\bar{t}_z$ zwischen zwei Zusammenstößen und der mittlere Weg $\bar{l}$ den das Gasmolekül zwischen zwei Zusammenstößen in Strahlrichtung zurücklegt, ist:

$$(4) \quad \bar{t}_z = \frac{\Lambda}{c}\ ; \quad \bar{l} = W\bar{t}_z = \frac{\Lambda\, W}{c} = \begin{cases} 6{,}5 \times 10^{-3}\ m\ \text{für } N_2 \\[2ex] 1{,}75 \times 10^{-3}\ m\ \text{für } H_2 \end{cases}$$

Nach fünf Stößen hat also ein Stickstoffmolekül schon einen Weg von etwa 3 cm, also in unserem Beispiel mehr als 20 % des gesamten Strahlweges von etwa 14 cm zurückgelegt. Das heißt aber, daß die Gasmoleküle beim Pumpprozeß verhältnismäßig wenig in den Strahl eindringen.

Man kann versuchen, aufgrund unserer Modellvorstellung, das Saugvermögen von Diffusionspumpen abzuschätzen. Man denkt sich **dazu** eine
Anzahl von Molekülen an einem bestimmten Zeitpunkt und an einer bestimmten Stelle am Strahlrand auftreffend. Jetzt wird das Schicksal
dieser Moleküle verfolgt. Alle Moleküle, die vom Strahlrand in
Richtung Rezipienten reflektiert werden, kann man in erster Näherung
als nicht abgepumpt ansehen. Mit den Bezeichnungen von Abb. 25 wird
somit der HO Faktor (Definition 1 (2))

$$(5) \qquad HO = 1 - \sum_i p_i$$

Entsprechend der obigen Abschätzung, hat ein Stickstoffmolekül bis
zum 5. Stoß bzw. bis zum 3. Oberflächenstoß einen nicht unbeträcht-
lichen Weg in Strahlrichtung zurückgelegt. Da die Strahlgrenze kei-
neswegs eine exacte Ebene ist, soll daher versuchsweise angenommen
werden, daß ab dem 4. Stoß die Stickstoffmoleküle im Strahl bleiben.
also abgepumpt werden. Man könnte sich das etwa so vorstellen, daß
gemäß Abb. 25 nicht mehr die dort eingezeichnete oberste Reihe
Ölmoleküle die Strahlgrenze ist, sondern daß sich oberhalb dieser
sozusagen eine neue Strahlgrenze gebildet hat.

Nun folgt mit den Werten 7 (5) für den Strahl aus (1) und (2):

$$p_{N_2} = 0,25; \quad \lambda_{N_2} = 0,75$$

Damit folgt aus (5)

$$(6) \qquad HO_{N_2} = 1 - (p_1 + p_3) \approx 0,65$$

Für Wasserstoff folgt:

$$p_{H_2} = 0,43; \qquad \lambda_{H_2} = 0,57$$

Nun legt aber ein Wasserstoffmolekül nach (4) zwischen zwei Zusammenstößen nur etwa 1/4 des Weges in Strahlrichtung zurück wie
ein Stickstoffmolekül, so daß nach unserer Vorstellung insgesamt
etwa 12 Stöße zu berücksichtigen sind.

Damit wird:

$$(7) \quad HO_{H_2} = 1 - \sum_1^{n} h_i = 0,28$$

Obwohl die so erhaltenen Werte der HO-Faktoren überraschend gut
mit experimentellen Ergebnissen übereinstimmen, erscheint die
Modellvorstellung doch zu grob und die Zusatzannahme der sich
vorschiebenden Strahlgrenze zu künstlich, um diese Abschätzung
bzw. Modellvorstellung weiter auszubauen.

9.3 Saugvermögen bei konstanter Moleküldichte an der Strahlgrenze

Es soll hier angenommen werden, daß die Moleküldichte an der
Strahlgrenzfläche überall gleich und gleich der im Rezipienten
sei.

9.3.1 Kinetische Saugvermögensabschätzung

Die Zahl der Moleküle, die pro Flächen- und Zeiteinheit auf
dem Pumpenquerschnitt auftreffen, ist, wenn n_0 die Moleküldichte im Rezipienten ist:

$$(8) \quad j \downarrow = n_0 \frac{\bar{c}}{4}$$

Legen wir ein rechtwinkeliges Koordinatensystem so in die
Pumpe, daß die x-Achse mit der Pumpenachse zusammenfällt
und in Richtung Rezipient zeigt, so ist die Zahl der Moleküle, die pro Zeit und Flächeneinheit nach oben fliegen,
die also eine Geschwindigkeitskomponente in Richtung
Rezipient haben, nach 8 (1) bzw. 8 (2)

$$(9) \quad j \downarrow = \frac{n_0 \bar{c}}{4} \left\{ e^{-\frac{\beta}{2} W_1^2} - \sqrt{\pi} |W_1| \sqrt{\frac{\beta}{2}} \, (1 - \emptyset \, (|W_1| \sqrt{\frac{\beta}{2}}) \,) \right\}$$

$$= \frac{n_0 \bar{c}}{4} \, H$$

$$wo \, |W_1| = W \cos \alpha_s$$

Mit den Werten aus 7 (5) folgt:

$$(1o) \quad H = \begin{cases} 0,38 \text{ für } N_2 \\ \\ 0,78 \text{ für } H_2 \end{cases}$$

Für den HO-Koeffizienten folgt daraus:

$$(11) \quad HO_k = \frac{j\downarrow - j\uparrow}{j\downarrow} = 1 - H = \begin{cases} 0,22 \text{ für } H_2 \\ \\ 0,62 \text{ für } N_2 \end{cases}$$

Der HO-Koeffizient für Stickstoff stimmt recht gut mit der Erfahrung überein und ist nur etwas zu groß. Der HO-Koeffizient
für Wasserstoff ist im Vergleich zum Experiment um etwa 20 %
bis 40 % zu klein.

9.3.2 <u>Saugvermögensabschätzung nach der Diffusionstheorie</u>

Die Diffusion in einem ruhenden Koordinatensystem wird beschrieben durch die Kontinuitätsgleichung:

$$(12) \quad \frac{\partial n}{\partial t} + \mathrm{div}\,(n\,\vec{v}) = 0$$

und durch die nach dem Würzburger Physiologen Fick benannte
Gleichung:

$$(13) \quad j_D = n\,\vec{v} = - D\,\mathbf{grad}\,n$$

Aus (12) und (13) folgt die bekannte Diffusionsgleichung:

$$(14) \quad \frac{\partial n}{\partial t} = D\,\mathrm{div}\,\mathrm{grad}\,n = D\,\Delta\,n$$

Es sei nun eine ebene Diffusionspumpe betrachtet, bei der der
Strahlrand die Breite b und die Länge Y_o habe. An den Strahlbe-
trachtungen, insbesonders an Gl. 7 (5), ändert sich dadurch nichts

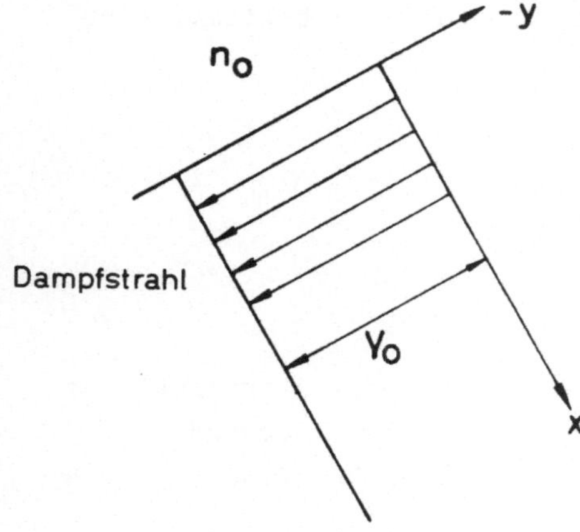

Abb. 26   Koordinatenschema für die Diffusion in den Dampfstrahl

wesentliches, da wir in Nr. 6 aus Gründen der Einfachheit ohnehin mit der ebenen Näherung gerechnet haben. Wir legen in den Strahlrand entsprechend Abb. 26 ein Koordinatensystem. dessen positive x-Achse in den Dampfstrahl hineinragt und lassen dieses Koordinatensystem mit der Dampfgeschwindigkeit $\vec{W}$ nitschwimmen. Da auch die Gasmoleküle nach dem Stoß mit der Strahlkollektivgeschwindigkeit $\vec{W}$ mitschwimmen, kann die Diffusion in erster Näherung durch die Gleichung beschrieben werden:

$$(15) \qquad \frac{\partial n}{\partial t} = D \, \frac{\partial^2 n}{\partial x^2}$$

Mit den Rand- bzw. Anfangsbedingungen:

$$(15a) \qquad n = \begin{cases} 0 & \text{für } x = \infty \\ n_0 & \text{für } x = o \\ 0 & \text{für } x > 0 \text{ und } t = o \end{cases} \qquad \text{und alle Zeiten t}$$

Wird die Lösung der Differentialgleichung (15):

$$(15b) \qquad n = n_0 \left\{ 1 - \emptyset \left(\frac{x}{\sqrt{4\,D\,t}} \right) \right\}$$

Mit dem in 7 (5) angegebenen Druck am Strahlrand bestimmt sich
nach 2 (4) die Diffusionskonstante zu

$$(16) \qquad D = \begin{cases} 5{,}58 \ \dfrac{m^2}{s} & \text{für } H_2 \\[3ex] 1{,}43 \ \dfrac{m^2}{s} & \text{für } N_2 \end{cases}$$

Sobald das Argument des Fehlerintegrals den Wert 1 erreicht hat,
ist die Moleküldichte auf etwa 15 % von der Oberflächendichte
und beim Argument 2 auf weniger als 0,5 % der Oberflächendichte
gesunken.

Da die maximale Diffusionszeit

$$(17) \qquad t_m = \frac{Y_o}{W}$$

ist, erhält man für eine Strahllänge Y_o = 14 cm (unser Beispiel)
für den Argumentwert 1

$$(18) \qquad x = \sqrt{4\ Dt_m} = 2\sqrt{\frac{D\ Y_o}{W}} = \begin{cases} 3{,}3 \times 10^{-2} \ m \text{ für } H_2 \\[3ex] 1{,}6 \times 10^{-2} \quad \text{ für } N_2 \end{cases}$$

Ähnlich wie bei unserem Modell ist also auch die Eindringtiefe
der Gasmoleküle in den Strahl nach der Diffusionstheorie relativ klein. Wobei die Diffusionstheorie wegen der kleinen Dichten natürlich nur eine grobe Näherung darstellt.

Das Saugvermögen kann nach dieser Diffusionstheorie bestimmt
werden, indem die Zahl der Moleküle bestimmt wird, die vom
Strahl durch die Ebene $Y = Y_o$ pro Zeiteinheit transportiert
wird.

Offenbar ist sie:

$$\dot{N} = W\ b \int_0^{\infty} n\ d\ x$$

Durch Einsetzen von (15b) in das Integral und graphische Integration kann $\dot{N}$ bestimmt werden. Etwas eleganter ist folgende Methode, die zum gleichen Ergebnis führt: Wir betrachten ein kleines dreieckförmiges Volumenelement, das am Strahlrand mit der Kollektivgeschwindigkeit des Strahles mitschwimmt (Abb. 27)

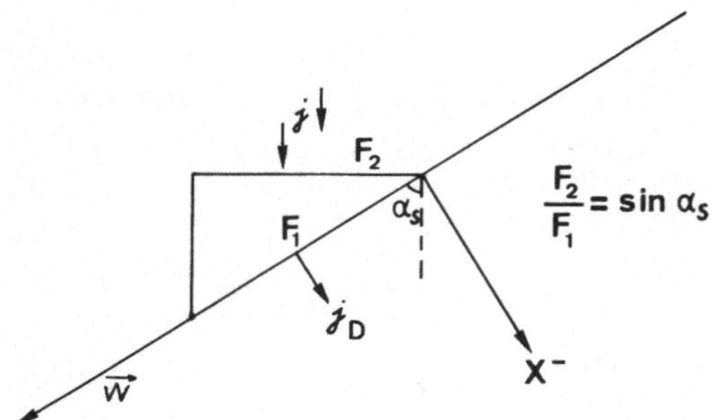

Abb. 27   Kontrollvolumen für die Saugvermögensbestimmung

Die Moleküldichte ist im Volumenelement nach Voraussetzung konstant. Der Diffusionsgasstrom ist nach (13) und (15b)

$$(19) \qquad J_D = - D \left(\frac{\partial n}{\partial x}\right)_{x=0} F_1 = n_0 \sqrt{\frac{D}{\pi\, t}} \; F_1$$

Die Zahl der Moleküle, welche während der Diffusionszeit t_M durch F_1 in den Dampfstrahl diffundieren, ist:

$$(19a) \qquad N_D = \int_0^{t_M} J_D \; dt = 2\, n_0 \sqrt{\frac{D\, t_M}{\pi}} \; F_1$$

Die Zahl der Moleküle, welche in der gleichen Zeit durch F_2 in unser Volumenelement aus dem Rezipienten einströmt, ist:

$$(20) \qquad N\!\downarrow = F_2 \int_0^{t_M} j\!\downarrow dt = F_2 \; \frac{n_0\, \bar{c}}{4} \; t_M$$

Somit erhält man für den HO-Faktor mit Hilfe von (17)

$$(21) \quad HO_D = \frac{N_D}{N\!\downarrow} = \frac{8}{\bar{c}} \; \frac{F_1}{F_2} \sqrt{\frac{D}{\pi\, t_M}} = \frac{8}{\bar{c}\, \sin\alpha_s} \sqrt{\frac{D\, W}{\pi\, Y_0}}$$

Durch Einsetzen der Werte von 7 (5) und (16) folgt daraus für
unser Beispiel ($Y_o = 1,4 \times 10^{-1}$ m):

$$(21a) \qquad HO_D = \begin{cases} 0,38 \text{ für } H_2 \\ \\ 0,71 \text{ für } N_2 \end{cases}$$

Im Vergleich zum Experiment ist der HO-Koeffizient für Wasserstoff um etwa 20 bis 30 %, der für Stickstoff um etwa 15 bis 30 % zu groß.

9.4 Lösungsansatz für eine genauere Saugvermögensbestimmung

Um zu einer genaueren Abschätzung des Saugvermögens zu kommen, muß man die in 9.3 ohne Begründung eingeführte Voraussetzung, daß die Moleküldichte an der Strahlgrenze überall gleich und gleich der im Rezipienten ist, fallen lassen.

Wir betrachten wieder unser in Abb. 27 dargestelltes, mit der Strahlgeschwindigkeit $\vec{W}$ mitschwimmendes Volumenelement. Die zeitliche Änderung der Moleküldichte in ihm während der Diffusionszeit ist offenbar, wenn V_o das Volumen des Volumenelements bedeutet:

$$(22) \qquad V_o \frac{\partial n}{\partial t} = j\downarrow F_2 - j\uparrow F_2 - j_D F_1 = J\downarrow - J\uparrow - J_D$$

Mit Hilfe von (8), (9) und (19) können wir dafür schreiben:

$$(22a) \qquad \frac{\partial n}{\partial t} = A_1 + n B_1 + C_1 \frac{\partial n}{\partial x} ; \qquad \text{für } x = o$$

wo A_1, B_1 und C_1 Konstante sind. Es müßte nun eine Lösung von (15) gesucht werden, die diese reichlich komplizierte Randbedingung erfüllt. Wenn man bedenkt, daß die Bedingungen am Strahlrand nur abgeschätzt sind und diese Abschätzungen auch in die Bestimmung der Diffusionskonstante eingehen und die Diffusionstheorie bei den kleinen Drücken nur eine mehr oder weniger große

Näherung darstellen, scheint der Aufwand für diese Lösung zumindest im gegenwärtigen Stadium der Theorie nicht ganz gerechtfertigt. Da man darüber hinaus auch durch eine einfache Abschätzung zeigen kann, daß die in 9.3 gewonnenen Ergebnisse
durch die Randbedingung (22) in der "richtigen Richtung" modifi-
ziert werden, wurde auf eine explizite Lösung verzichtet. Aus
(22) folgt nämlich mit Hilfe von (11) und (21)

$$(23) \qquad V_o \frac{\partial n}{\partial t} = J\downarrow \left\{ 1 - (\frac{J\uparrow}{J\downarrow} + \frac{J_D}{J\downarrow}) \right\} = J\downarrow \left\{ 1 - (1 - HO_K + \overline{HO}_D) \right\}$$

$$= j\downarrow \; (HO_K - \overline{HO}_D)$$

Wenn HO_K und $\overline{HO}_D$ gleich sind, so ändert sich im Mittel die Moleküldichte in unserem Kontrollvolumen nicht. Für Stickstoff ist
dies einigermaßen erfüllt. Weil damit die Voraussetzung der kon-
stanten Moleküldichte im Kontrollvolumen nachträglich bestätigt
wurde, sind die in 9.3.1 und 9.3.2 bestimmten HO-Koeffinzienten
in etwa gleich und stimmen auch in etwa mit dem Experiment überein. Beim Wasserstoff sind die in 9.3.1 und 9.3.2 bestimmten
HO-Koeffizienten wesentlich voneinander verschieden, und zwar
ist HO_D fast doppelt so groß wie HO_K. Damit wird die rechte Seite
von (23) wesentlich negativ; d.h. die Moleküldichte ist im Mittel
kleiner als n_0. Damit wird nach (9) $j\uparrow$ kleiner und somit nach (11)
HO_K größer, während nach (19) und (21) HO_D kleiner wird.

10. Schlußbemerkungen

Die hier vorgelegte molekularkinetische Deutung der Arbeits-
weise von Diffusionspumpen will und kann keine exakte Theorie
der Diffusionspumpen sein.

Beurteilt man eine Theorie danach, was sie zu leisten imstande
ist, so kann man zu den oben entwickelten Anschauungen vielleicht
folgendes sagen: Meines Wissens zum ersten Mal gestattet sie in
befriedigender Übereinstimmung mit dem Experiment die Ölrückströmung aus dem Dampfstrahl quantitativ zu berechnen, bzw. abzuschätzen. Sie erklärt weiterhin das Verhalten der Pumpe, wenn

sie mit allen Düsen und mit teilweise verschlossenen Düsen betrieben wird. Auch das Saugvermögen kann in einigermaßen befriedigender Übereinstimmung mit dem Experiment berechnet bzw.
abgeschätzt werden. Dies darf wohl zumindest als starke Stütze
für die Richtigkeit der entwickelten Anschauungen gewertet werden. Da in allen Rechnungen der Zustand der gasdynamischen Strahlgrenze direkt eingeht, ist insbesondere die Richtigkeit der
Strahlabschätzung sehr wahrscheinlich.

Da die Randbedingungen bei der Behandlung des Problems sozusagen
explizite eingehen, wurden alle Anschauungen notwendigerweise am
Beispiel einer Pumpentype entwickelt. Es wurde dazu eine mittlere
Type von 250 mm Saugöffnung gewählt. Aus den bei der Ableitung
der Ölrückströmung entwickelten Anschauungen geht aber ohne wei-
teres hervor, daß die dort berechneten bzw. abgeschätzen Werte auch
für größere und kleinere Pumpen gelten. Dies gilt auch für die Ableitung in 9.3.1. Nach 9.3.2 Gl. 4 (21) aber ist der HO-Koeffizient

$$HO_D \sim \frac{1}{\sin\alpha_s} \sqrt{\frac{D\,W}{Y_o}}$$

Nun wird sich nach den in Nr. 7 entwickelten Anschauungen beim
Übergang zu größeren oder kleineren Pumpen weder $\sin\alpha_s$ noch
W wesentlich ändern. Dagegen ändert sich aber natürlich Y_o im
wesentlichen proportional mit der Größe der Saugöffnung. Eben-
falls nach den in Nr. 7 entwickelten Anschauungen ist aber der
Strahldruck p, bis zu dem der Dampfstrahl expandiert

$$p \sim \frac{1}{Y_o}$$

Da nach 2 (4)

$$D \sim \frac{1}{p} \sim Y_o$$

bleibt auch der in 9.3.2 bestimmte bzw. abgeschätzte HO-Faktor
in erster Näherung beim Übergang zu größeren oder kleineren
Pumpen konstant, was mit der Erfahrung übereinstimmt.

72

11. Zusammenfassung

Aufgrund von Gültigkeitskriterien wird gezeigt, daß auch auf
das Problem der Diffusionspumpe gasdynamische Methoden näherungsweise angewandt werden können. Mit den Ergebnissen der gasdynamischen Theorie kann das Verhalten der Diffusionspumpe bei
verschiedenen Ansaugdrücken und teilweise verschlossenen Düsen
verstanden werden.

Unter Zugrundlegung der gasdynamischen Rechnung wird das Problem der Ölrückströmung und des Saugvermögens von Diffusionspumpen behandelt. Dabei wird befriedigende Übereinstimmung
zwischen Theorie und Experiment gefunden.

12. LITERATURVERZEICHNIS

[1] S. Dushman: Scientific Foundations of Vacuum Technique,
New York, 1962

[2] M. Wutz: Theorie und Praxis der Vakuum-Technik
Braunschwiig, 1965

[3] W. Gaede: Ann. Phys. 41, 289, 1913 und 46, 357, 1915
sowie Z. Techn. Phys. 4, 337, 1923

[4] J. Langmuir Phys. Rev. 8, 48, 1916; Gen. El. Rev. 10,
1060, 1916; Electrican 79, 13 und 579, 1917

[5] R.Jaeckel Zs. Naturforsch 2 A. 666, 1947 und: Kleinste
Drucke, ihre Messung und Erzeugung
Berlin, Göttingen, Heidelberg 1950

[6] M.Matricon J. Phys. Rad 2, 86, 1931 und 3, 127, 1932

[7] Vgl. z.B. P. Frank und R.v. Mises:
Differentialgleichungen der Mechanik und Physik
Band II, S. 593, New York und Braunschweig, 1961

[8]   Vgl. z.B. D. Enskog: Phys. Z. 12, 5 und 33, 1911
                   oder R.D. Present: Kinetic Theory of Gases,
                   New York, 1958

[9]   H.G.Nöller Zs.für angew. Physik 7, 225, 1955

[10]   H.G.Nöller Theory of Vacuum Diffusions Pumps in Handbook
                   of Vacuum Phsics, Vol. I, Part. 6, Oxford 1966

[11]   H.Kutscher Zs. für angew. Physik 7, 229 und 234, 1955

[12]   W.Pauly   Fortsch. d. Physik 9, 613, 1961
                   et al.: Zs f.Physik 166, 406, 1962
                   et al.: Zs f.Physik 171, 349, 1963
                       Habilitationsschrift, Bonn 1965

[13]   N.A.Florescu Vacuum 10, 250, 1960 und Vacuum 13,
                       569, 1963, dort auch viele Literaturhinweise

[14]   G. Toth   Vacuumtechnik, 16, 41, 1960

[15]   K. Bier   Fortschritte der Physik 11, 325, 1963

[16]   K. Bier   1965 Transactions of the Third Inter-
                   national Vacuum Congress, Vol. I,
                   Pergamon Press, 1967

[17]   E. Knuth   Univ. of Calif., Los Angeles,
                   Dept. of Eng. Report 64-53 Nov. 1964

[18]   H. Grad   Comm. pure appl. Math. 2, 331, 1949

[19]   A. Sommerfeld Vorlesungen über theoretische Physik
                   Bd. V., Wiesbaden 1952

[20]   R.D. Present   Kinetic Theorie of Gases
                   New York 1958

[21]   Chapman u.Cowling The mathematical Theorie of Nonuniform
                   Gases, Cambridge 1952

[22]   A.H.Shapiro   The Dynamic and Thermodynamics of
                   Compressible Fluid Flow, New York 1953

[23]   J. Zierep   Vorlesungen über Theoretische Gasdynamik
                   Karlsruhe, 1962

[24]   A. Eucken   Lehrbuch der Chemischen Physik, Leipzig 1949

[25]   Vgl. z.B. M. Linzer und D.F. Hornig
                                   Phys. of Fluids 6, 1661, 1963

[26] H. Schlichting   Grenzschichttheorie, Karlsruhe 1958

[27] K.J.Thourhan und   Rarefied Gas Dynamics
      R.M. Drake jr.   Vol. II, 404, 1963

[28]   Siehe J.A. Morrison und Y. Tuzi
                                   J.Vac. Technol. 2, 1C9, 1965

[29] E.W. Becker und   Z. Phys. 146, 320, 1956
      W. Henkes

[30] E.W. Becker, K. Bier u.Z. Phys. 146, 333, 1956
      W. Henkes

[31] N. Milleron und   Vacuum Symposium
      L.L. Levenson   Transactions 2, 213, 1966

[32] M. Wutz   Vacuumtechnik,17, 193, 1968

[33] J.H. Jeans   The dynamical Theorie of Gases,
                                   New York 1954

13. Liste der verwendeten Formelzeichen

b = Strahlrandbreite (m)

$\bar{c}$ = mittlere Geschwindigkeit (m/s)

c_p = spezifische Wärme bei konstantem Druck ($\text{Wskg}^{-1}\,{}^{\circ}\text{K}^{-1}$)

c_v = spezifische Wärme bei konstantem Volumen ($\text{Wskg}^{-1}\,{}^{\circ}\text{K}^{-1}$)

d = Moleküldurchmesser (m)

d_s = Strahldurchmesser (m)

D = Diffusionskoeffizient (m^2/s)

F = Fläche (m^2)

h = Enthalpie (Ws/kg)

J = $\dot{N}$ Molekülstrom = Zahl der Moleküle pro Zeiteinheit (s^{-1})

I = Massengasstrom (kg/s)

j = $\dot{N}_F$ = Flächenmolekülstrom ($\text{m}^{-2}\,\text{s}^{-1}$)

i = $\dfrac{I}{F}$ = Massengasstrom pro Flächeneinheit ($\text{kgm}^{-2}\,\text{s}^{-1}$)

K $\quad=\quad c_p/c_v$ Adiabatenexponent (Zahl)

K_B $\quad=\quad$ Boltzmannkonstante ($1,38 \times 10^{-23}$ Ws/$^{\circ}$K)

ℓ $\quad=\quad$ Länge (m)

L $\quad=\quad$ Anström- oder Düsenlänge (m)

L_s $\quad=\quad$ Strahlweglänge (m)

$M; M^*$ $\quad=\quad$ Machzahl (Zahl)

M_O $\quad=\quad$ Molekulargewicht (kg/kMol)

n $\quad=\quad$ Moleküldichte (m^{-3})

N $\quad=\quad$ Zahl der Moleküle (Zahl)

$\dot{N}$ $\quad=\quad$ Zahl der Moleküle pro Zeiteinheit = Molekülstrom (s^{-1})

N_F $\quad=\quad$ Zahl der Moleküle pro Flächeneinheit (m^{-2})

$\dot{N}_F$ $\quad=\quad$ Zahl der Moleküle pro Flächeneinheit u. Zeiteinheit =

$\qquad\qquad\qquad\qquad$ = Flächenmolekularstrom ($m^{-2}\ s^{-1}$)

p $\quad=\quad$ Druck (N/m^2) (1 Torr = 133 N/m^2)

R $\quad=\quad$ Gaskonstante ($8,31 \times 10^3$ Ws/KMol)

S $\quad=\quad$ Saugvermögen (m^3/s)

S_{th} $\quad=\quad$ theoretisches oder maximales Saugvermögen (m^3/s)

s $\quad=\quad \frac{S}{F}$ = spezifisches Saugvermögen (m/s)

$s_{th} = \dfrac{S_{th}}{F}$ $\quad=\quad$ theoretisches spezifisches Saugvermögen (m s^{-1})

s_E $\quad=\quad$ Entropie (Ws $kg^{-1}\ ^{\circ}K^{-1}$)

$ds_I,\ ds_{II}$ $\quad=\quad$ Längenelement auf der Machlinie (m)

T $\quad=\quad$ Temperatur ($^{\circ}$K)

t $\quad=\quad$ Zeit (s)

t_{ℓ} $\quad=\quad$ Relaxionszeit (s)

V $\quad=\quad$ thermische Geschwindigkeit (m/s)

v $\quad=\quad$ Absolutgeschwindigkeit (m/s)

W $\quad=\quad$ makroskopische Dampfgeschwindigkeit (m/s)

Y $\quad=\quad$ Strahllänge (m)

Z $\quad=\quad$ Stoßzahl (Zahl)

$x,\ y,\ z$ $\quad=\quad$ Kartesische Koordination

$\emptyset\,(z)$ $\quad=\quad$ Gauß'sches Fehlerintegral $= \dfrac{2}{\sqrt{\pi}} \displaystyle\int_{0}^{z} e^{-x^2}\ dx$

α = Machwinkel (Zahl)

α_s = Winkel zwischen Dampfstrahlgrenze und Pumpenachse (Zahl)

β = $\dfrac{M_o}{RT}$ (s^2 / m^2)

ρ = Reflexionsgrad (Zahl)

ϑ = Strahlwinkel (Zahl)

ϱ = Dichte (kg/m^3)

λ = Eindringgrad (Zahl)

λ_w = Koeffizient der Wärmeleitung $(Watt\ m^{-1}\ K^{-1})$

Λ = mittlere freie Weglänge (m)

μ = Molekülmasse (kg)

σ = Mechanische Spannung $(kg\ m^{-1}\ s^{-2})$

$d\sigma_I,\ d\sigma_{II}$ = Winkelelement in der Hodographenebene (Zahl)

$d\tau$ = Volumenelement im Geschwindigkeitsraum $(m^3\ s^{-3})$

φ = Potentialfunktion der Geschwindigkeit $(m^2\ s^{-1})$

$d\xi$ = Volumenelement im Raum (m^3)

η = Zähigkeit $(kg\ m^{-1}\ s^{-1})$

$\eta\chi$ = Energiedissipation $-\displaystyle\sum_{K=1}^{3}\ \sum_{i=1}^{3}\ \frac{\partial W_K}{\partial x_i}\ \sigma_{iK}$ =

$$= \eta\left\{ 2\sum_{i=1}^{3}\left(\frac{\partial W_i}{\partial x_i}\right)^2 + \left(\frac{\partial W_2}{\partial x_1} + \frac{\partial W_1}{\partial x_2}\right)^2 + \left(\frac{\partial W_1}{\partial x_3} + \frac{\partial W_3}{\partial x_1}\right)^2 + \right.$$

$$\left. + \left(\frac{\partial W_2}{\partial x_3} + \frac{\partial W_3}{\partial x_2}\right)^2 - \frac{2}{3}\left(\operatorname{div}\vec{W}\right)^2 \right\}$$

1965 Transactions of the Third International Vacuum Congress

Edited by H. Adam

Volume 1 contains the twelve prepared papers read at the Third International Vacuum Congress held in Stuttgart from 28th June to 2nd July, 1965. Volume 2 will contain the short communications presented at the Congress.

Partial Contents of Volume 1

The vacuum system of "Nimrod" — M. G. S. Grossart; The structure and properties of thin films — C. A. Neugebauer; Some physical aspects of sputtering — P. K. Rol, D. Onderdelinden and J. Ristemaker; Developments in the measurement of low pressures — E. V. Kornelsen; Advances in vacuum metallurgy — M. von Ardenne and S. Schiller; Sorption on solids — W. M. H. Sachtler.

Session Topics in Volume 2

Evaporation and thin films; Flow of gases; Components and materials — Orthodox vacuum pumps; Pressure measurement and leak detection; Evaporation and thin films; Vacuum systems and pumping procedures; Adsorption and desorption; Pressure measurement and leak detection; Cryogenics; Sputering and gettering; Adsorption and desorption; Space simulation; Vacuum metallurgy.

Volume 1:

162 pp. £ 4.7.0; US $ 12.00; DM 48,00. (Title No. 11429)

Volume 2 — Part 1:

286 pp. £ 8.2.0; US $ 21.50; DM 86,00 (Title No. 11763)

Volume 2 — Part 2:

260 pp. £ 8.2.0; US $ 21.50; DM 86,00 (Title No. 12126)

Volume 2 — Part 3:

220 pp. £ 6.19.0; US $ 18.50; DM 74,00 (Title No. 12127)

Pergamon Press Ltd. · Headington Hill Hall · Oxford OX3 OBW

Pergamon Press Inc. · Maxwell House · Fairview Park · Elmsford, New York 10523

Friedr. Vieweg + Sohn GmbH · 3300 Braunschweig · Postfach 185